山西省基础研究计划面上项目（202103021224317）
山西省回国人员科研教研资助项目（2024-139）
山西省留学人员科技活动择优项目（2024-38）
山西省教学改革创新项目（J2024747）
吕梁市高新研发项目（2023GXYF14）

分数阶随机发展方程的数值方法

胡 晔 ◎ 著

吉林大学出版社

· 长春 ·

图书在版编目（CIP）数据

分数阶随机发展方程的数值方法 / 胡晔著. -- 长春：吉林大学出版社, 2024.7. -- ISBN 978-7-5768-3658-5

Ⅰ. O172

中国国家版本馆 CIP 数据核字第 2024B0A959 号

书　　名	分数阶随机发展方程的数值方法
	FENSHUJIE SUIJI FAZHAN FANGCHENG DE SHUZHI FANGFA
作　　者	胡晔 著
策划编辑	殷丽爽
责任编辑	殷丽爽
责任校对	陈曦
装帧设计	谢婉莹
出版发行	吉林大学出版社
社　　址	长春市人民大街 4059 号
邮政编码	130021
发行电话	0431-89580036/58
网　　址	http://www.jlup.com.cn
电子邮箱	jldxcbs@sina.com
印　　刷	天津和萱印刷有限公司
开　　本	787mm × 1092mm　1/16
印　　张	10.75
字　　数	160 千字
版　　次	2024 年 7 月　第 1 版
印　　次	2025 年 3 月　第 1 次
书　　号	ISBN 978-7-5768-3658-5
定　　价	72.00 元

版权所有　翻印必究

前言

分数阶随机微积分,作为一种新兴的数学工具,在金融学、生物学、信号处理和控制系统等领域展现出了巨大的潜力和应用价值。然而,随着研究的深入,传统微积分在处理复杂系统、非均匀介质及随机现象时的局限性逐渐凸显。为了更准确地描述这些复杂现象,分数阶随机微积分应运而生,并在近年来成为学术界的研究热点之一。

在分数阶随机微积分框架下,分数阶随机发展方程的数值方法研究取得了显著进展。这些研究不仅包括数值稳定性、收敛性,还包括误差分析等方面,为深入理解分数阶随机微分方程的数值解法提供了重要线索。通过这些研究,能够更好地理解系统在分数阶随机状态下的数值演化规律,从而为实际问题的数值求解提供有力的支持。

特别地,针对分数阶加性噪声下的数学模型,如随机半线性积分微分方程,进行强收敛和弱收敛的数值计算研究显得尤为重要。强收敛性分析确保了数值方法在求解过程中能够准确、稳定地逼近真实解,同时提供了误差估计,为数值算法的有效性验证和优化提供了依据。而弱收敛性分析则关注数值方法在长时间尺度下的行为,特别是在噪声和分数阶效应影响下的表现,为评估数值方法的稳定性和收敛性提供了重要参考。

本书旨在系统介绍分数阶积分和随机微积分的相关理论及其在反常扩散方程中的应用。全书共六章,各章节内容相互关联、层层递进,为读者提供了一个全面而深入的视角。

第 1 章为绪论,介绍了分数阶微积分和随机微积分的基本概念、定义和性质,为后续章节的研究奠定了基础。第 2 章详细阐述了具有谱分数阶拉普拉斯算子的分数阶扩散的有限元方法，为求解这类方程提供了有力的数值工具。第 3 章和第 4 章分别探讨了由分数阶积分加性噪声驱动的随机半线性次扩散和超扩散的强逼近和随机子扩散 L1 格式的弱收敛性问题，深入分析了这类随机扩散方程的数值求解方法。第 5 章讨论了具有时间不规则系数的 Carathéodory 型方程的随机节点方法的数学分析，为处理这类方程提供了新的思路。第 6 章则对半线性随机次扩散问题有限元分析中温和解的连续性进行分析，丰富了随机扩散方程解的研究内容。

  在撰写本书的过程中，作者广泛参考了学术文献，得到了许多专家学者的指导和帮助，在此表示衷心的感谢。尽管作者力求全面系统地介绍分数阶微积分和随机微积分的相关知识及其在反常扩散方程中的应用，但是由于水平有限，书中难免存在疏漏之处，恳请广大读者批评指正。

胡 晔

2024 年 5 月

目 录

第1章 绪 论 ··· 1
  1.1 时空分数阶拉普拉斯抛物方程的物理意义 ······················· 1
  1.2 空间分数阶拉普拉斯算子定义 ·· 7
  1.3 HILBERT 空间值的 WIENER 过程 ··································· 9
  1.4 希尔伯特空间值的随机伊藤积分 ····································· 11

第2章 具有谱分数阶拉普拉斯算子的分数阶扩散的有限元方法 ······ 21
  2.1 介绍 ·· 21
  2.2 预备工作 ·· 24
  2.3 数值算法 ·· 26
  2.4 数值例子 ·· 34

第3章 由分数阶积分加性噪声驱动的随机半线性次扩散和超扩散的强逼近 ···· 49
  3.1 介绍 ·· 49
  3.2 预备知识和记号 ··· 52
  3.3 解决式（3-1）的全离散化方案 ······································· 57
  3.4 数值模拟 ·· 73
  3.5 结论与未来展望 ··· 76

第4章 分数阶积分加性噪声驱动问题的随机子扩散 L1 格式的弱收敛性 ······ 80
  4.1 引言 ·· 80

4.2　序言 ··· 88
　4.3　空间离散化 ·· 94
　4.4　时间域的离散处理 ··· 97
　4.5　误差表示公式 ·· 104
　4.6　定理4.1的证明 ·· 109
　4.7　数值模拟 ··· 114
　4.8　结论 ·· 117

第5章　具有时间不规则系数的CARATHÉODORY型方程随机节点方法的数学分析 ··· 121
　5.1　引言 ·· 121
　5.2　相关定理 ··· 124
　5.3　数值逼近与收敛性分析 ··· 125
　5.4　数值结果和讨论 ··· 141
　5.5　结论 ·· 146

第6章　半线性随机次扩散问题有限元分析中温和解的连续性分析 ······ 150
　6.1　序言 ·· 150
　6.2　前期准备工作 ·· 152
　6.3　随机问题的非光滑数据分析 ··· 156
　6.4　数值实现 ··· 164

第 1 章 绪 论

1.1 时空分数阶拉普拉斯抛物方程的物理意义

扩散现象是常见的自然现象，科学家早期通过观测空气中灰尘的运动总结其规律，荷兰生物学家、化学家简·英格豪斯（Jan Ingenhousz）在 1785 年描述了煤尘在酒精表面的不规则运动现象，英国植物学家罗伯特·布朗（Robert Brown）在 1827 年称这种现象为布朗运动。数学上最早由丹麦数学天文学家（Thorvald N. Thiele）在 1880 年用数学工具寻找布朗运动的规律，随后法国数学家 Louis Bachelier 在 1900 年结合随机分析将布朗运动应用到股票和期权市场。1905 年物理学家爱因斯坦从微观角度研究布朗运动并间接地证明了分子和原子的存在，在其工作基础上，基于菲克定律结合标准的连续时间随机游走过程可以导出经典的正常扩散方程。从此有关布朗运动的数学模型已经成为分析许多自然现象的有力工具。

布朗运动要求满足高斯分布、独立增量性、平稳增量性三个基本特征，从微观世界角度上理解就是粒子的跳跃符合高斯分布，不考虑长距跳跃，且无穷远处衰减为零，此时整数阶拉普拉斯算子可以刻画在各向同性的介质中不考虑长距跳跃的正常扩散过程。换言之，当随机粒子每一步跳跃距离不再有限，或当粒子的分布满足重尾分布，或当许多复杂系统的扩散过程通常不再遵循高斯分布时，经典的对流扩散方程不再适用。例如，流体力学中介质和流场的非均匀性使得扩散过程不符合菲克定律，即菲克定律无法描述相应的输运行为，这种现象常被称为反常扩散[1]。反常扩散既是理论物理基础研究课题，又是工程领域中的基本物理过程，具有切实的应用背景。如今在科学和社会领域已经被广泛报道，如：等离子体湍流[2]、近场动力学[3]、人类迁徙[4]、鸟类捕食[5]（图1-1-1，每条彩线代表一只海鸟）等。为了更好地描述这类现象，空间上考虑单个粒子的运动为离散的列维飞行，即不满足高斯分布，采用空间算子为分数阶拉普拉斯算子[6]描述全体粒子的运动过程，整个过程粒子仍保留独立增量性、平稳增量性，此时导出的数学模型为时空分数阶拉普拉斯抛物方程。

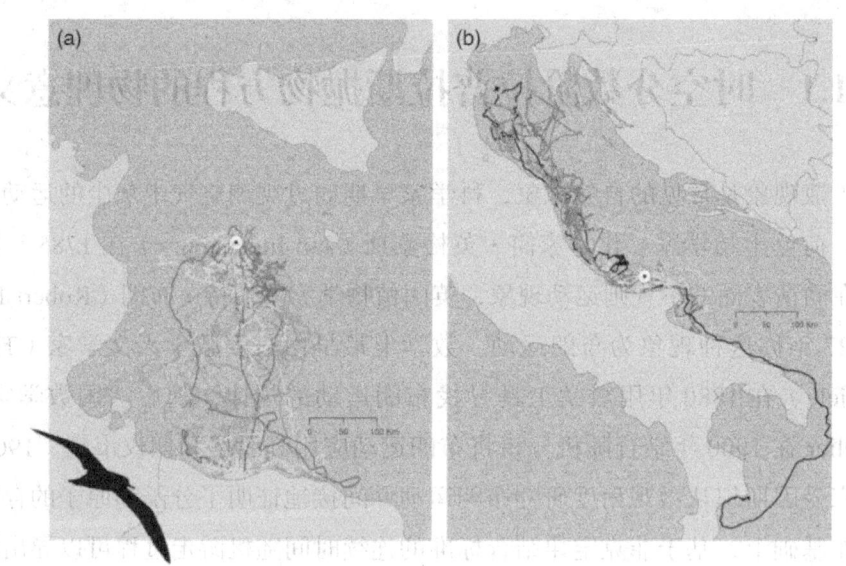

图 1-1-1　每条实线代表一只海鸟 (a) 西西里岛利诺萨岛海鸟捕食路线
(b) 亚得里亚海特雷米蒂群岛海鸟捕食路线

下面通过一维变量下随机游走扩散模型来考虑分数阶拉普拉斯算子的物理意义，希望可以直观地体现微观粒子运动过程，给出柯西主值分数阶拉普拉斯算子严格的数学定义。考虑一列总数为 N_p 的粒子在 x 轴的 $x=\frac{1}{2}\Delta x$ 位置，另一列总数为 N_p 的粒子在 x 轴的 $x=-\frac{1}{2}\Delta x$ 位置，假设每个粒子向右侧跳跃的概率是 $q(0\leqslant q\leqslant 1)$，那么向左跳跃的概率是 $1-q$。假设 n 步跳跃后，两列粒子群跳跃运

动后所在的 x 轴位置为 $x_i = \left(i - \dfrac{1}{2}\right)\Delta x$，$i = 0, \pm 1, \pm 2, \cdots$，且第 i 个节点的粒子数为 $m_i(n)$，显然 $\sum\limits_{i=-n}^{n+1} m_i(n) = 2N_p$。为了量化粒子的运动状态，定义 $u_i(n) = \dfrac{m_i(n)}{2N_p}$，显然这样的定义是满足质量守恒的，即 $\sum\limits_{i=-n}^{n+1} u_i(n) = 1$。因此很自然地刻画 n 步跳跃后粒子分布的期望为 $\bar{x}(n) = \sum\limits_{i=-n}^{n+1} x_i u_i(n)$，方差为 $s(n) = \sum\limits_{i=-n}^{n+1} \left[x_i - \bar{x}(n)\right]^2 u_i(n)$。

首先考虑粒子任意时间 Δt 的时间内每次仅能跳跃一个步长 Δx 的距离，令 $p = \dfrac{1}{2}$，也就是说粒子向左、向右的跳跃概率同为 $\dfrac{1}{2}$，如图 1-1-2 所示。

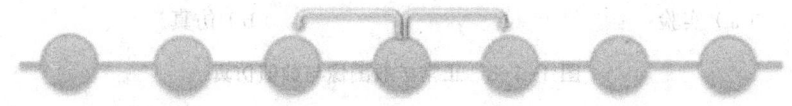

图 1-1-2　粒子向左向右 Δt 时间内仅跳跃 Δx 距离一步跳跃后，
在第 i 个位置的粒子数的前后两个时刻变化满足

$$u_i(n+1) = \frac{1}{2} u_{i-1}(n) + \frac{1}{2} u_{i+1}(n),$$

整理可得

$$u_i(n+1) - u_i(n) = \frac{1}{2}\left[u_{i-1}(n) - 2u_i(n) + u_{i+1}(n)\right],$$

即

$$\frac{u_i(n+1) - u_i(n)}{\Delta t} = \kappa \frac{u_{i-1}(n) - 2u_i(n) + u_{i+1}(n)}{\Delta x^2}. \quad (1-1)$$

式中，$\kappa = \dfrac{1}{2} \cdot \dfrac{\Delta x^2}{\Delta t}$ 为爱因斯坦扩散系数，显然式（1-1）为经典的一维扩散模型

$u_t = \kappa \Delta u$ 的离散形式。如图 1-1-3 所示,分别给出了实验测量的扩散现象与式(1-1)的数值仿真,结果表明粒子的扩散满足高斯分布。

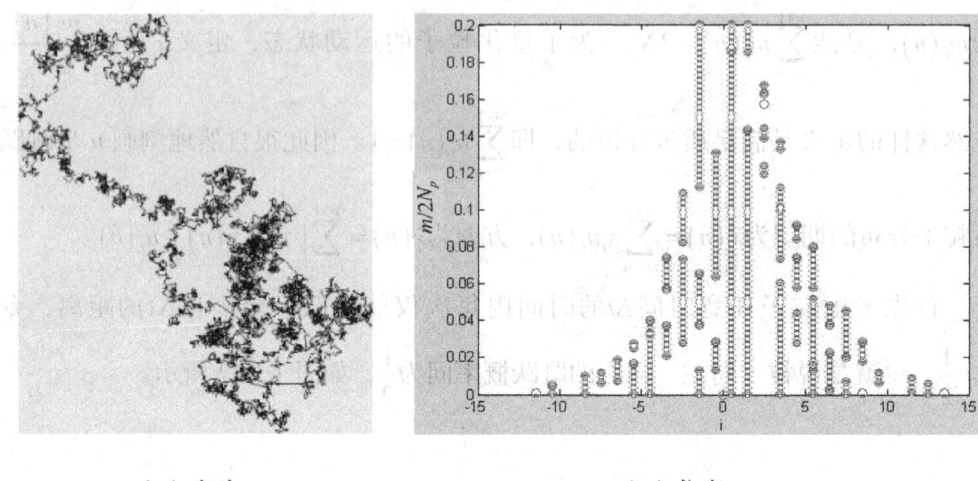

(a) 实验　　　　　　　　　　　(b) 仿真

图 1-1-3　正常扩散图像与数值仿真

然而粒子的活力使得粒子在单位时间间隔 Δt 内并不仅仅每次只跳跃一个步长 Δx 的距离,如图 1-1-4 所示,记粒子向左、向右跳跃任意 $k(k=0, \pm 1, \pm 2, \cdots)$ 区间的步长 $k\Delta x$ 的概率符合幂律分布

$$\pi_k(s) = \frac{1}{2\zeta_{1+2s}} \cdot \frac{1}{|k|^{1+2s}}, \quad s \in (0,1), \quad k \neq 0,$$

对应的方差为

$$s_d^2 = \Delta x^2 \mathrm{P.V.} \sum_{k=-\infty}^{\infty} \frac{1}{|k|^{-1+2s}},$$

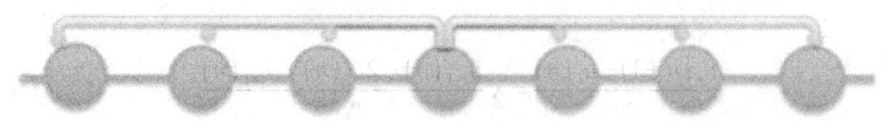

图 1-1-4　粒子向左向右 Δt 时间内可跳跃任意距离

第1章 绪 论

式中，$\zeta_s = \sum_{r=1}^{\infty} \dfrac{1}{r^s}$ 称之为 Riemann-zeta 函数。显然

$$\sum_{k=-\infty}^{\infty} \pi_k(s) = \dfrac{1}{2\zeta_{1+2s}} \text{P.V.} \sum_{k=-\infty}^{\infty} \dfrac{1}{|k|^{1+2s}} = 1,$$

式中，$\text{P.V.} \sum_{m=-\infty}^{\infty} \dfrac{1}{|k|^{1+2s}}$ 表示去掉了 $m=0$ 时的奇异项，依据质量守恒定律前后粒子跳跃关系满足

$$u_i(n+1) = \sum_{k=-\infty}^{\infty} u_{i-k}(n)\pi_k(s),$$

简单的计算可得

$$\dfrac{u_i(n+1) - u_i(n)}{\Delta t} = v_s \left(\dfrac{1}{\Delta x^{2s}} \cdot \text{P.V.} \sum_{k=-\infty}^{\infty} \dfrac{u_{i+k}(n) - u_i(n)}{|k|^{1+2s}} \right), \quad (1\text{-}2)$$

式中，$v_s = \dfrac{1}{2\zeta_{1+2s}} \cdot \dfrac{\Delta x^{2s}}{\Delta t}$ 称之为广义的爱因斯坦扩散系数，式（1-2）的右端主值项（P.V.）极限意义下可由柯西主值积分表达，即

$$\begin{aligned}
&\dfrac{1}{\Delta x^{2s}} \cdot \text{P.V.} \sum_{k=-\infty}^{\infty} \dfrac{u_{i+k}(n) - u_i(n)}{|k|^{1+2s}} \\
&\simeq \text{P.V.} \int_{-\infty}^{\infty} \dfrac{u(x+v) - u(x)}{|v|^{1+2s}} \mathrm{d}v \\
&= \text{P.V.} \int_{-\infty}^{\infty} \dfrac{u(x) - u(y)}{|x-y|^{1+2s}} \mathrm{d}y \\
&= -(-\Delta u)^s。
\end{aligned}$$

式（1-2）实际上为一维分数阶拉普拉斯扩散模型 $u_t = -v_s(-\Delta u)^s$ 的离散形式。当时间间隔概率分布也满足重尾分布时，也就是说粒子每步跳跃允许长时间间隔

的等待，粒子的运动状态无法用正常扩散表示，在这样的条件下式（1-2）的左端离散可以用分数阶时间导数来刻画，其数学模型为 $D^\alpha u = -(-\Delta)^s u$。

如图 1-1-5 所示，分别展示了反常扩散的实验图像和数值仿真。

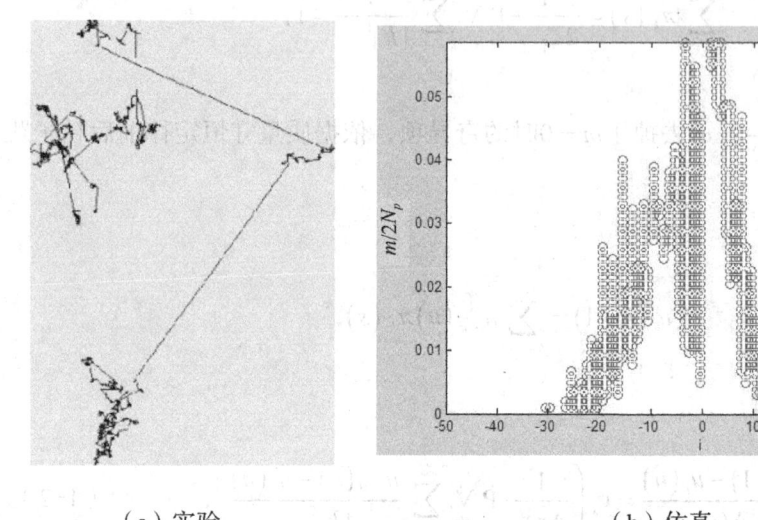

（a）实验　　　　　　　　　　　　（b）仿真

图 1-1-5　反常扩散的（a）实验图像与（b）数值仿真

近二三十年，经过众多学者的不懈努力，使得分数阶微积分理论与计算一定程度上得到了解决。人们也逐渐发现分数阶微积分算子在某些应用领域能够更加有效地刻画自然现象，这吸引着更多的学者投身于分数阶各个领域。例如，对分数阶物理方程的研究[1, 6, 11, 13, 17]、在工程方面的应用[2, 4, 8]、生物动力学的研究[3, 10]、分数阶扩散问题[5, 12]、分数阶量子力学[7]、材料问题[9]。然而由于分数阶微积分的数学基础仍不完善，仍需要借助一些数学工具[14-15, 19, 22]，也有很多学者致力于分数阶泛函理论的研究工作[20-21]，研究分数阶微分方程的适定性[23-30]。由于分数阶微积分算子定义的多样性，一大批学者致力于物理解释及奇异性的研究[16-18]，相关奇异积分不等式的文献有 [69-76]。伴随着大量分数阶优秀研究成果的出现，相继出版了一系列优秀的著作，其中既有英文著作[41-53]，也有中文著作[54-59]。分数阶数值计算依然是目前的研究热点，相关的成果有 [60-66]，经典综述性文章有 [67-68]。

1.2 空间分数阶拉普拉斯算子定义

本节重点介绍分数阶拉普拉斯算子，考虑在 $\mathbb{R}^n$ 中分数阶拉普拉斯算子 $L=-(-\Delta)^s$ 也常被称为 Riesz 分数阶导数算子，其中 $s\in(0,1)$。作为非局部伪微分算子的核心，它在理论和应用数学中被广泛应用。当算子 L 属于勒贝格空间 $\mathcal{L}^p\left(p\in[1,\infty]\right)$，或在连续函数且无穷远处衰减为零的空间 $\mathcal{C}_0$ 中，或在一致有界的连续函数空间 $\mathcal{C}_{bu}$ 内，L 能被定义成奇异积分算子、无穷小生成元、半群算子、调和延拓算子等十种等价定义形式，下面简要地介绍实数域内十种分数阶拉普拉斯算子定义形式[77]。

定理 1.1 设 $\mathcal{X}$ 为 $\mathcal{L}^p\left(p\in[1,\infty]\right)$，$\mathcal{C}_0$，$\mathcal{C}_{bu}$ 中任意空间，令 $u\in\mathcal{X}$，当 $Lu\in\mathcal{X}$ 时如下定义等价。

（1）[Fourier 定义]

$$\mathcal{F}(Lu)(\xi)=-|\xi|^{2s}\mathcal{F}(u(\xi)), \tag{1-3}$$

如果 $\mathcal{X}=\mathcal{L}^p$，则 $p\in[1,2]$。

（2）[Distributional 定义]

$$\int_{\mathbb{R}^n}Lu(y)\phi(y)\mathrm{d}y=\int_{\mathbb{R}^n}u(x)L\phi(x)\mathrm{d}x, \tag{1-4}$$

其中，ϕ 为 Schwartz 空间函数。

（3）[Bochner 定义]

$$Lu=\frac{1}{|\Gamma(-s)|}\int_0^\infty\left(\mathrm{e}^{t\Delta}u-u\right)t^{-1-s}\mathrm{d}t, \tag{1-5}$$

此时 Lu 为在 $\mathcal{X}$ 空间中的 Bochner 积分，$\mathrm{e}^{t\Delta}$ 记为 Gauss-Weierstrass 核的卷积，即 $\mathrm{e}^{t\Delta}=k_t(x-y)=(4\pi t)^{\frac{-n}{2}}\mathrm{e}^{\frac{-|x-y|^2}{4t}}$。

（4）[Balakrishnan 定义]

$$Lu = \lim_{r \to 0^+} \frac{\sin(s\pi)}{\pi} \int_0^\infty \Delta(xI - \Delta)^{-1} u x^{s-1} \mathrm{d}x, \qquad (1\text{-}6)$$

此时 Lu 为在 $\mathcal{X}$ 空间中的 Bochner 积分。

（5）[奇异积分定义]

$$Lu = \lim_{r \to 0^+} \frac{2^{2s} \Gamma\left(\frac{n+2s}{2}\right)}{\pi^{\frac{n}{2}} |\Gamma(-s)|} \int_{\mathbb{R}^n \setminus B(x,\,r)} \frac{u(\cdot + z) - u(z)}{|z|^{n+2s}} \mathrm{d}z, \qquad (1\text{-}7)$$

式中，Lu 在 $\mathcal{X}$ 中有极限。

（6）[Dynkin 定义]

$$Lu = \lim_{r \to 0^+} \frac{2^{2s} \Gamma\left(\frac{n+2s}{2}\right)}{\pi^{\frac{n}{2}} |\Gamma(-s)|} \int_{\mathbb{R}^n \setminus \bar{B}(x,\,r)} \frac{u(\cdot + z) - u(z)}{|z|^n \left(|z|^2 - r^2\right)^s} \mathrm{d}z, \qquad (1\text{-}8)$$

式中，Lu 在 $\mathcal{X}$ 中有极限。

（7）[二次型定义] 当 $\phi \in H^s$ 时，满足 $\langle Lu, \phi \rangle = \epsilon(u, \phi)$，如果 $\mathcal{X} = \mathcal{L}^2$ 有

$$\epsilon(u, v) = \frac{2^{2s-1} \Gamma\left(\frac{n+2s}{2}\right)}{\pi^{\frac{n}{2}} |\Gamma(-s)|} \int_{\mathbb{R}^n} \int_{\mathbb{R}^n} \frac{[u(y) - u(x)]\overline{[v(y) - v(x)]}}{|x - y|^{n+\alpha}} \mathrm{d}x \mathrm{d}y_\circ \qquad (1\text{-}9)$$

（8）[半群定义]

$$Lu = \lim_{t \to 0^+} \frac{P_t u - u}{t} \qquad (1\text{-}10)$$

式中，$P_t u = u \cdot p_t$；$\mathcal{F} p_t(\xi) = \mathrm{e}^{-t|\xi|^{2s}}$。

（9）[Riesz 势定义] 如果 $\alpha < n$ 且 $\mathcal{X} = \mathcal{L}^p \left(p \in \left[1, \frac{n}{2s}\right] \right)$，有

$$\frac{\Gamma\left(\dfrac{n-2s}{2}\right)}{2^{2s}\pi^{\frac{n}{2}}|\Gamma(-s)|}\int_{\mathbb{R}^n}\frac{Lu(\cdot+z)}{|z|^{n-2s}}\mathrm{d}z=-u(\cdot)。 \quad (1\text{-}11)$$

（10）[调和延拓定义]

$$\begin{cases} \Delta_x v(x,\ y)+(2s)^2 c_{2s}^{\frac{1}{s}} y^{2-\frac{1}{s}}\partial_y^2 v(x,\ y)=0,\ y>0,\\ v(x,0)=u(x),\\ \partial_y v(x,0)=Lu(x), \end{cases} \quad (1\text{-}12)$$

式中，$c_{2s}=2^{-2s}\dfrac{|\Gamma(-s)|}{\Gamma(s)}$，当 $y\in[0,\ \infty]$ 时，$v(\cdot,\ y)$ 为 $\mathcal{X}$ 中是连续函数，且 $\|v(\cdot,y)\|_{\mathcal{X}}$ 有界。

1.3　Hilbert 空间值的 Wiener 过程

本节对 Hilbert 空间值的 Wiener 过程进行了简要回顾。这些结果在文献中是众所周知的，例如在 [18, Chap.4.1] 和 [61, Chap.2.1] 中。

$(\Omega,\ \mathcal{F},\ \mathbb{P})$ 表示一个概率空间，$(U,(\cdot,\cdot)_U,\|\cdot\|_U)$ 表示一个可分 Hilbert 空间。我们还考虑一个线性、有界、自伴、正半定算子 $Q\in L(U)$。Q 的迹定义为

$$\mathrm{tr}(Q):=\sum_{i\in\mathbb{N}}(Qe_i,\ e_i)_U, \quad (1\text{-}13)$$

式中，$(e_i)_{i\in\mathbb{N}}$ 为 U 的任意正交基。如果级数 $\mathrm{tr}(Q)$ 是绝对收敛的，则算子 Q 称为迹类，其实数 $\mathrm{tr}(Q)<\infty$ 不依赖于正交基的特定选择。

此外，从 [18, Prop.C.3] 可知，每个具有有限迹的自伴、正半定算子 $Q\in L(U)$ 都是紧算子，因此紧算子的谱定理[69, Th.VI.3.2]表明存在 U 的一个正交基 $(e_i)_{i\in\mathbb{N}}$ 和一个非负实数序列 $(\mu_i)_{i\in\mathbb{N}}$，其中 $\mu_i\to 0$。当 $i\to\infty$ 时，$Qe_i=\mu_i e_i$，$i\in\mathbb{N}$。

并且

$$Qu = \sum_{i \in \mathbb{N}} \mu_i (u, e_i)_U e_i, \quad u \in U_{\circ}$$

特别地，有

$$\mathrm{Tr}(Q) = \sum_{i \in \mathbb{N}} \mu_{i \circ}$$

我们现在以与[18，Chap.4.1]和[61，Def.2.1.9]相同的方式定义（标准）Q-Wiener过程。

定义1.1 令$T > 0$。一个随机过程$W:[0, T] \times \Omega \to U$在$(\Omega, \mathcal{F}, \mathbb{P})$上称为（标准）$Q$-Wiener过程，如果

（1）$W(0) = 0$，

（2）W有P-a.s.（必然具有）连续轨迹，

（3）W具有独立增量，即对于所有$n \in \mathbb{N}$和所有分割$0 \leqslant t_1 < \cdots < t_n \leqslant T$，随机变量$W(t_1)$，$W(t_2) - W(t_1)$，$\cdots$，$W(t_n) - W(t_{n-1})$是独立的。

（4）对于所有$0 \leqslant s < t \leqslant T$，增量$W(t) - W(s)$是一个均值为$0 \in U$且协方差算子为$(t-s)Q$的高斯随机变量，即

$$\mathbb{P} \circ (W(t) - W(s))^{-1} = N(0, (t-s)Q)_{\circ}$$

关于Hilbert空间上高斯定律$N(0, (t-s)Q)$的定义，我们参考[18，Chap.2.3.2]和[61，Def.2.1.1]。在此，我们仅回顾一下[61，Prop.2.1.4]中的U值高斯随机变量的重要性质。

命题1.1[61, Prop.2.1.4] 考虑一个U值高斯随机变量X，其均值为$m \in U$，协方差算子$Q \in L(U)$，其中Q是自伴的，正半定且具有有限的迹，则$\mathbb{P} \circ X^{-1} = N(m, Q)$。那么，对于所有$u \in U$，$(X, u)_U$是一个实值高斯随机变量，具有

（1）$\mathbb{E}[(X, u)_U] = (m, u)_U$，$u \in U$，

（2）$\mathbb{E}[(X - m, u)_U (X - m, v)_U] = (Qu, v)_U$，$u, v \in U$，

（3）$\mathbb{E}[\|X - m\|_U^2] = \mathrm{Tr}(Q)_{\circ}$

以下关于Q-Wiener过程的表示非常有用。

命题1.2[61, Prop.2.1.10] 考虑一个自伴、正半定算子$Q \in L(U)$。设$(e_i)_{i\in\mathbb{N}}$表示U的正交基，其中的每个基向量都是Q的特征向量，对应的特征值为$(\mu_i)_{i\in\mathbb{N}}$。那么，一个随机过程$W:[0, T]\times\Omega \to U$是一个$Q$-Wiener过程，当且仅当

$$W(t) = \sum_{i\in\mathbb{N}} \sqrt{\mu_i}\beta_i(t)e_i, \text{对任意的}t\in[0, T], \quad (1-14)$$

式中，$\beta_i(t)$为独立标准Brown运动。对于所有$\mu_i>0$的i，是在$(\Omega, \mathcal{F}, \mathbb{P})$上的独立实值Brown运动。式（1-14）在$L^2(\Omega; C([0, T]; U))$中也是收敛的，因此总是具有一个P-a.s.必然连续的。特别地，在上述Q的条件下，U上总是存在一个Q-Wiener过程。证明过程见[61, Prop.2.1.10]。

定义1.2 一个Q-Wiener过程$W:[0, T]\times\Omega \to U$称为相对于滤波$(\mathcal{F}_t)_{t\in[0, T]}$的$Q$-Wiener过程，如果

（1）W适应于$(\mathcal{F}_t)_{t\in[0, T]}$，

（2）对于所有$0\leq s<t\leq T$，$W(t)-W(s)$独立于$\mathcal{F}_s$。

命题1.3[61, 命题2.2.10] 设$W:[0, T]\times\Omega \to U$是关于一个正则滤波$(\mathcal{F}_t)_{t\in[0, T]}$的$Q$-Wiener过程，其中$(\Omega, \mathcal{F}, \mathbb{P})$是概率空间。则$W$是一个关于$(\mathcal{F}_t)_{t\in[0, T]}$的连续平方可积鞅。

1.4 希尔伯特空间值的随机伊藤积分

在本节中，主要回顾一些关于随机伊藤积分的重要性质。设$(\Omega, \mathcal{F}, \mathbb{P})$是一个概率空间且$T>0$。考虑一个标准的$Q$-Wiener过程$W:[0, T]\times\Omega \to U$，关于一个正则滤波$(\mathcal{F}_t)_{t\in[0, T]}$，其中$(U, (\cdot,\cdot)_U, \|\cdot\|_U)$表示一个可分希尔伯特空间，并且协方差算子$Q\in L(U)$是正半定且自伴的。在本节中，我们还假设$Q$具有有限迹。

设 $(H,(\cdot,\cdot),\|\cdot\|)$ 表示另一个希尔伯特空间。那么，对于一个关于标准 Q-Wiener 过程 W 的随机过程 $\Phi:[0,T]\times\Omega\to L(U,H)$ 的 H 值随机伊藤积分表示为 $\int_0^T\Phi(\sigma)\mathrm{d}W(\sigma)$。

不详细地讨论构造过程，仅从 [61, Chap.2.3.2] 中回顾，积分首先定义为初等积分，其形式为

$$\Phi(t)=\sum_{i=0}^{n-1}\Phi_i\mathbf{1}_{(t_i,t_{i+1}]}(t),\ t\in[0,T],\qquad(1\text{-}15)$$

式中，$n\in\mathbb{N}$ 且 $\Phi_i:\Omega\to L(U,H)$ 是关于强 $\mathrm{Borel}-\sigma-\mathrm{filed}$ 在 $L(U,H)$ 上的 $\mathcal{F}_{t_i}$-可测映射，对于 $0\le i\le n-1$，并且所有 Φ_i 仅取 $L(U,H)$ 中有限值。那么，Φ 的随机积分表示为

$$\int_0^T\Phi(\sigma)\mathrm{d}W(\sigma):=\sum_{i=0}^{n-1}\Phi_i\big(W(t_{i+1})-W(t_i)\big)。\qquad(1\text{-}16)$$

下一步是在所有初等积分上定义一个范数，使得伊藤积分在这些积分与关于 $(\mathcal{F}_t)_{t\in[0,T]}$ 的所有 H 值连续平方可积鞅之间成为等距映射。

对于这个范数，希尔伯特-施密特（Hilbert-Schmidt）算子的概念起到了重要作用。

定义 1.3（希尔伯特-施密特算子[61, Def.2.3.3]） 设 U 和 H 表示可分希尔伯特空间。算子 $A\in L(U,H)$，当且仅当

$$\sum_{i=1}^{\infty}\|Ae_i\|^2<\infty,$$

式中，$(e_i)_{i\in\mathbb{N}}$ 为 U 的任意一组正交归一基，那么称 A 为 Hilbert-Schmidt 算子。所有从 U 到 H 的 Hilbert-Schmidt 算子 A 的集合记作 $L_2(U,H)$。

在内积

$$(A, B)_{L_2(U, H)} := \sum_{i=1}^{\infty} (Ae_i, Be_i), \quad A, B \in L_2(U, H)$$

$L_2(U, H)$ 成为一个可分离的希尔伯特空间，简写为 $L_2(U) = L_2(U, U)$。

根据 Werner[69, SatzV1.6.2] 过程的定义性质，内积以及由其导出的 Hilbert-Schmidt 范数在 $L_2(U, H)$ 中

$$\|A\|_{L_2(U, H)} := \left(\sum_{i=1}^{\infty} \|Ae_i\|^2 \right)^{\frac{1}{2}} \tag{1-17}$$

其并不依赖于 U 中选择的特定正交归一基 $(e_i)_{i \in \mathbb{N}}$。

正如在 [61, Rem.B.0.6] 中展示的，Hilbert-Schmidt 算子具有以下性质。证明见于 [69, SatzV1.6.2]。

命题 1.4 令 $A \in L_2(U, H)$ 是一个 Hilbert-Schmidt 算子：

（1）A 的伴随算子 A^* 也是一个 Hilbert-Schmidt 算子，并且满足

$$\|A\|_{L_2(U, H)} = \|A^*\|_{L_2(H, U)}。$$

（2）满足 $\|A\|_{L(U, H)} \leq \|A\|_{L_2(U, H)}$。

（3）考虑另外两个可分离的希尔伯特空间 G_1, G_2。$T_1 \in L(G_1, U)$，$T_2 \in L(H, G_2)$，满足 $T_2 A T_1 \in L_2(G_1, G_2)$ 并且

$$\|T_2 A T_1\|_{L_2(G_1, G_2)} \leq \|T_2\|_{L(H, G_2)} \|A\|_{L_2(U, H)} \|T_1\|_{L(G_1, U)}。$$

在我们讨论随机伊藤积分的等距映射之前，引入记号 $L_2^0 := L_2(U_0, H)$。如果 Q 是迹类算子，则所有 $A \in L(U, H)$，

$$\|A\|_{L_2^0} = \left\| A \circ Q^{\frac{1}{2}} \right\|_{L_2(U, H)}, \quad A \in L(U, H), \tag{1-18}$$

因为满足 $Q^{\frac{1}{2}} \in L_2(U)$ 并且 $\left\|Q^{\frac{1}{2}}\right\|_{L_2(U)} = \mathrm{Tr}(Q)$，$\{A|_{U_0} \mid A \in L(U, H)\} \subset L_2^0$，同时根据命题 1.4（3），伊藤积分 [61, 定理 2.3.5] 可表示为

$$\mathbb{E}\left[\left\|\int_0^T \Phi(\sigma) \mathrm{d}W(\sigma)\right\|_T^2\right] = \mathbb{E}\left[\int_0^T \|\Phi(\sigma)\|_{L^2}^2 \mathrm{d}\sigma\right] =: \|\Phi\|_T^2 \text{。} \quad (1\text{-}19)$$

式（1-19）对所有形式为式（1-16）的初等被积函数 Φ 成立。

接下来，设 $\mathcal{N}_W^2(0, T; H)$ 是所有可积分随机过程的集合，它是在 $L^2\{[0, T] \times \Omega, \mathcal{B}([0, T]) \otimes \mathcal{F}, \mathrm{d}t \otimes P; L(U, H)\}$ 中以 $\|\cdot\|_T$ 完成所有形式为式（1-16）的初等被积函数的抽象完成。

接下来的引理包含一个 Burkholder-Davis-Gundy 型的不等式，是 [18, Lem.7.2] 的特例。它将用于估计随机积分的高阶矩。

命题 1.5[18, Lem.7.2]　对于任意 $p \geq 2$，$0 \leq \tau_1 < \tau_2 \leq T$，以及任意可预测的随机过程 $\Phi:[0, T] \times \Omega \to L_2^0$，其满足

$$\mathbb{E}\left[\left(\int_{\tau_1}^{\tau_2} \|\Phi(\sigma)\|_{L_2^0}^2 \mathrm{d}\sigma\right)^{\frac{p}{2}}\right] < \infty,$$

且有 $\mathbb{E}\left[\left\|\int_{\tau_1}^{\tau_2} \Phi(\sigma) \mathrm{d}W(\sigma)\right\|^p\right] \leq C(p) \mathbb{E}\left[\left(\int_{\tau_1}^{\tau_2} \|\Phi(\sigma)\|_{L_2^0}^2 \mathrm{d}\sigma\right)^{\frac{p}{2}}\right]$。

这里常数 $C(p)$ 可以选择为

$$C(p) = \left[\frac{p}{2}(p-1)\right]^{\frac{p}{2}} \left(\frac{p}{p-1}\right)^{p\left(\frac{p}{2}-1\right)} \text{。}$$

假设 1.1　映射 $f:[0, T] \times \Omega \times H \to H^{-1}$，$(t, \omega, h) \mapsto f(t, \omega, h)$ 是 $\mathcal{P}_T \times \mathcal{B}(H) / \mathcal{B}(H^{-1})$-可测的。

此外，存在一个常数 $C > 0$ 使得对于所有 $\omega \in \Omega$，有 $\|f(0, \omega, 0)\|_{L_1} \leq C$，并且

$$\|f(t, \omega, h_1) - f(t, \omega, h_2)\|_{L_1} \leq C\|h_1 - h_2\| \quad (1\text{-}20)$$

对所有 h_1, $h_2 \in H$, $\omega \in \Omega$, $t \in [0, T]$ 成立。同时，存在一个常数 $C > 0$ 满足

$$\| f(t_1, \omega, h) - f(t_2, \omega, h) \|_{L_1} \leq C(1+ \| h \|)(t_2 - t_1)^{\frac{1}{2}} \qquad (1\text{-}21)$$

对所有 $h \in H$, $0 \leq t_1 < t_2 \leq T$, $\omega \in \Omega$ 成立。

参考文献：

[1] CARVALHO-NETO P M, PLANAS G. Mild solutions to the time fractional Navier-Stokes equations in $\mathbb{R}^N$ [J].Journal of Differential Equations, 2015, 259（7）: 2948-2980.

[2] Barbosa R S, Silva F M, Machado J A T, et al.Some Applications of Fractional Calculus in Engineering[J].Mathematical Problems in Engineering, 2010（2010）: 1-34.

[3] Magin L R.Fractional calculus models of complex dynamics in biological tissues[J]. Computers and Mathematics with Applications, 2009, 59（5）: 1586-1593.

[4] Vladimir V.Uchaikin.Fractional Derivatives for Physicists and Engineers[M]. Berlin, Heidelberg: Springer, 2013.

[5] Wu G C, Baleanu D, Deng Z G, et al.Lattice fractional diffusion equation in terms of a Riesz-Caputo difference[J].Physica A: Statistical Mechanics and its Applications, 2015（438）: 335-339.

[6] Zhu S H.On the blow-up solutions for the nonlinear fractional Schrödinger equation[J].Journal of Differential Equations, 2016, 261（2）: 1506-1531.

[7] Laskin N.Fractional quantum mechanics and Lévy path integrals[J].Physics Letters A, 2000, 268（4-6）: 298-305.

[8] Debnath L.Recent applications of fractional calculus to science and engineering[J]. International Journal of Mathematics and Mathematical Sciences, 2003, 2003（54）: 3413.

[9] Torvik P J, Bagley R L.On the Appearance of the Fractional Derivative in the Behavior of Real Materials[J].Journal of Applied Mechanics, 1984, 51（2）: 725-728.

[10] R.L.Margin.Fractional Calculus in Bioengineering[M].New York: Begell House Publishers, 2006.

[11] Li C P, Zhang F R.A survey on the stability of fractional differential equations[J]. The European Physical Journal Special Topics, 2011, 193（1）: 27-47.

[12] Pliss V A.A reduction principle in the theory of stability of motion[J].Izv.akad. nauk Sssr Ser.mat, 1964（28）: 1297-1324.

[13] Kilbas A A, Marzan A S.Nonlinear Differential Equations with the Caputo Fractional Derivative in the Space of Continuously Differentiable Functions[J]. Differential equations: A translation of differensial'nye uraveniya, 2005, 41（1）: 84-89.

[14] Gorenflo R, Loutchko J, Luchko Y, et al.Computation of the Mittag-Leffler function $E\alpha, \beta(z)$ and its derivative[J].Fractional Calculus & Applied Analysis, 2002, 5（4）: 12-15.

[15] Oberhettinger F.Tables of Mellin Transforms[M].Berlin: Springer-Veriang, 1954.

[16] Wright E M.On the Coefficients of Power Series having Exponential Singularities （Second Paper）[J].Journal of the London Mathematical Society, 1950（4）: 304-309.

[17] Heymans N, Podlubny I .Physical interpretation of initial conditions for fractional differential equations with Riemann-Liouville fractional derivatives[J]. Rheologica Acta, 2006, 45（5）: 765-771.

[18]]Li C P, Zhao Z G.Introduction to fractional integrability and differentiability[J]. The European Physical Journal Special Topics, 2011, 193（1）: 5-26.

[19] Robert A, John J. F. Sobolev spaces[M].Boston, USA: Academic Press, 2003.

[20] Cesari L. Functional analysis and Galerkin's method[J].Michigan Mathematical Journal, 1964, 11（4）: 385-414.

[21] Agrawal O P.Fractional variational calculus in terms of Riesz fractional derivatives[J].Journal of physics A Mathematical General, 2007, 40（24）: 6287-6303.

[22] Conway J B. A Course in Functional Analysis[M].New York：Springer-Verlag, 1997.

[23] Akrami M H, Erjaee G H. Existence, uniqueness and well-posed conditions on aclass of fractional differential equations with boundary condition[J].Journal of Fractional Calculus and Applications, 2015, 6（2）：171-185.

[24] Kilbas A A, Bonilla B, Trujillo J J. Existence and uniqueness theorems for nonlinear fractional differential equations[J].Demonstratio Mathematica, 2000, 33（3）：583-602.

[25] Saydamatov E M.Well-Posedness of the cauchy problem for inhomogeneous time-fractional pseudo-differential equations[J].Fractional Calculus and Applied Analysis, 2006, 9（1）：1-16.

[26] Hong W, Dan P Y. Wellposedness of variable-coefficient conservative fractional elliptic differential equations[J].SIAM Journal on Numerical Analysis, 2013, 51（2）：1088-1107.

[27] Diethelm K.An extension of the well-posedness concept for fractional differential equations of Caputo's type[J].Applicable Analysis, 2014, 93（10）：2126-2135.

[28] Kassim D M, Tatar N.Well-posedness and stability for a differential problem with hilfer-hadamard fractional derivative[J].Abstract and Applied Analysis, 2013, 2013（6）：1-12.

[29] Kou C H, Zhou H C, Li C P. Existence and continuation theorems of riemann liouville type fractional differential equations[J]. International Journal of Bifurcation and Chaos, 2012, 22（4）：427-432.

[30] Wu G, Yuan J.Well-posedness of the Cauchy problem for the fractional power dissipative equation in critical Besov spaces[J].Journal of Mathematical Analysis and Applications, 2007, 340（2）：1326-1335.

[31] Brockmann D, Hufnagel L, Geisel T. The scaling laws of human travel.[J]. Nature, 2006, 439（7075）：462-465.

[32] Rubin B. Fractional integrals and potentials[M].New York：Chapman & Hall/

CRC，1996.

[33] Podlubny I. Fractional differential equations[M].San Diego：Academic Press，1999.

[34] Hilfer R.Applications of fractional calculus in physics[M].Singapore：World Scientific Publishing Company，2000.

[35] Sabatier J，Agrawal O P，Machado J A T. Advances in fractional calculus：theoretical developments and applications in physics and engineering [M]. Netherlands：Springer-Verlag，2007.

[36] Oldham K B，Spanier J. The fractional calculus[M].New York：Academic Press，1974.

[37] Miller K A，Ross B.An Introduction to the fractional calculus and fractional differential equations[M].New York：Wiley，1993.

[38] Samako S G，Kilbas A A，Marichev O I.Fractional integral and derivatives：theory and applications[M].Switzerland：Gordon and Breach Science Publishers，1993.

[39] Kilbas A A，Srivastava H M，Trujillo J J.Theory and applications of fractional differential equations[M].Amsterdam：Elsevier，2006.

[40] Dumitru B，Kai D，Enrico S，et al.Fractional calculus models and numerical methods[M].Singapore：World Scientific，2012.

[41] Zhou Y.Basic Theory of fractional differential equations[M].Singapore：World Scientific，2014.

[42] Li C P，Zeng F H.Numerical methods for fractional calculus[M].Oxfordshire：Taylor and Francis，2015.

[43] Rudolf G，Kilbas A A，Francesco M，et al.Mittag-Leffler functions，related topics and applications[M].Berlin，Heidelberg：Springer，2014.

[44] Varsha D G.Fractional calculus：theory and applications[M].New Delhi：Narosa Publishing House，2013.

[45] 刘发旺，庄平辉，刘青霞．分数阶偏微分方程数值方法及其应用[M]．北京：科学出版社，2015.

[46] 陈文，孙洪广，李西成.力学与工程问题的分数阶导数建模[M].北京：科学出版社，2010.

[47] 周激流，蒲亦非，廖科.分数阶微积分原理及其在现代信号分析与处理中的应用[M]北京：科学出版社，2010.

[48] 郭柏灵，蒲学科，黄凤辉.分数阶偏微分方程及其数值解[M].北京：科学出版社，2011.

[49] 孙志忠，高广花.分数阶微分方程的有限差分方法[M].北京：科学出版社，2015.

[50] 吴强，黄建华.分数阶微积分[M].北京：清华大学出版社，2016.

[51] Ford J N，Xiao J，Yan Y.A finite element method for time fractional partial differential equations[J].Fractional Calculus and Applied Analysis，2011，14（3）：454-474.

[52] Ding H，Li C，Chen Y.High-order algorithms for Riesz derivative and their applications（II）[J].Journal of Computational Physics，2015（293）：218-237.

[53] Deng W H，Li C P，Guo Q.Analysis of fractional differential equations with multiorders[J].Fractals，2011，15（02）：173-182.

[54] Daftardar G V，Sukale Y，Bhalekar S.Solving fractional delay differential equations：a new approach[J].Fractional Calculus and Applied Analysis，2015，18（2）：400-418.

[55] Kolwankar K M.Separable local fractional differential equations[J].Fractals，2016，24（2）：1650021.

[56] Garrappa P.Stability-preserving high-order methods for multiterm fractional differential equations[J].International Journal of Bifurcation and Chaos，2012，22（4）：427-432.

[57] Zhang S Q.Monotone iterative method for initial value problem involing RiemannLiouville fractional derivatives[J].Nonlinear Analysis，2009（71）：2087-2093.

[58] Li C，Deng W.Remarks on fractional derivatives[J].Applied Mathematics and Computation，2006，187（2）：777-784.

[59] Li C P, Qian D L, Chen Y Q.On riemann-liouville and caputo derivatives[J]. Discrete Dynamics in Nature and Society, 2011 (201): 11-15.

[60] Ma Q, Pečarić J.Some new explicit bounds for weakly singular integral inequalities with applications to fractional differential and integral equations[J]. Journal of Mathematical Analysis and Applications, 2007, 341 (2): 894-905.

[61] Cheung W S, Ma Q H, Tseng S.Some new nonlinear weakly singular integral inequalities of wendroff type with applications[J].Journal of Inequalities and Applications, 2008, 2008 (1): 1-12.

[62] Wang H, Zheng K.Some nonlinear weakly singular integral inequalities with two variables and applications[J].Journal of Inequalities and Applications, 2010, 2010 (1): 1-12.

[63] Zachary D, Aghalaya S.Vatsala.fractional integral inequalities and applications[J]. Computers and Mathematics with Applications, 2010, 59 (3): 1087-1094.

[64] Lakhal F.A new nonlinear integral inequality of wendroff type with continuous and weakly singular kernel and its application[J].Journal of Mathematical Inequalities, 2012, 6 (3) .367-379.

[65] Anastassiou G A.Basic fractional integral inequalities[J].Journal of Applied Functional Analysis, 2013 (8): 95-130.

[66] Liu H, Meng F.Some new nonlinear integral inequalities with weakly singular kernel and their applications to FDEs[J].Journal of Inequalities and Applications, 2015, 2015 (1): 1-17.

[67] Xu R, Meng F.Some new weakly singular integral inequalities and their applications to fractional differential equations[J].Journal of Inequalities and Applications, 2016, 2016 (1): 1-16.

[68] Kwaśnicki M.Ten equivalent definitions of the fractional laplace operator[J]. Fractional Calculus and Applied Analysis, 2017, 20 (1): 7-51.

第2章 具有谱分数阶拉普拉斯算子的分数阶扩散的有限元方法

2.1 介绍

我们研究了以下带有分数阶拉普拉斯的 Caputo 型抛物方程。

$$\begin{cases} {}_C D_{0,t}^{\alpha} u = -(-\Delta)^s u + f, & x \in \Omega \subset \mathbb{R}^n,\ t>0, \\ u|_{t=0} = u_0(x), & x \in \bar{\Omega}, \\ u|_{\mathbb{R}^n \setminus \Omega} = 0, & t \geq 0, \end{cases} \quad (2\text{-}1)$$

式中，$\alpha \in (0,1)$，$s \in (0,1)$，f 为源项。

在模型（2-1）中，阶为 $\alpha \in (0,1)$ 的 Caputo 时间分数阶导数 ${}_C D_{0,t}^{\alpha}$，其定义如下[27]。

$$_C D_{0,t}^{\alpha} u(t) = \frac{1}{\Gamma(1-\alpha)} \int_0^t (t-\tau)^{-\alpha} \frac{\partial u}{\partial \tau} \mathrm{d}\tau,$$

其具有时间依赖性的特征。与 Caputo 分数阶导数密切相关，$\alpha \in (0,1)$ 的 Riemann-Liouville 分数阶导数[27, 29]定义为

$$_{RL} D_{0,t}^{\alpha} u(t) = \frac{1}{\Gamma(1-\alpha)} \frac{\mathrm{d}}{\mathrm{d}t} \int_0^t (t-\tau)^{-\alpha} u(\tau) \mathrm{d}\tau。$$

但是，定义分数阶拉普拉斯算子的方法不唯一[21]。第一种可能是将函数适当地扩展到整个空间 $\mathbb{R}^n$ 并使用傅里叶变换

$$(-\Delta)^s u(x) = \mathcal{F}^{-1}[|\xi|^{2s}\mathcal{F}u(\xi)]。$$

式中，$\mathcal{F}$，$\mathcal{F}^{-1}$ 分别为傅里叶变换和傅里叶反变换。由于这个原因，分数阶拉普拉斯算子本质上是一个带的伪微分算子符号 $|\xi|^{2s}$。推广后，以下逐点公式也可作为分数阶拉普拉斯式的定义[26]。

$$(-\Delta)^s u(x) = C_{n,s}\,\mathrm{P.V.}\int_{\mathbb{R}^n}\frac{u(x)-u(y)}{|x-y|^{n+2s}}dy = C_{n,s}\lim_{\epsilon\to 0^+}\int_{\mathbb{R}^n\setminus B_\epsilon(x)}\frac{u(x)-u(y)}{|x-y|^{n+2s}}dy。 \quad (2\text{-}2)$$

这里 P.V. 表示柯西主值，归一化常数 $C_{n,s}$ 由

$$C_{n,s} = \left(\int_{\mathbb{R}^n}\frac{1-\cos y_1}{|y|^{n+2s}}dy\right)^{-1} = \frac{s2^{2s}\Gamma\left(\frac{n+2s}{2}\right)}{\pi^{\frac{n}{2}}\Gamma(1-s)},$$

式中，$y=(y_1, y^{(n-1)})\in\mathbb{R}^n$，$y^{(n-1)}\in\mathbb{R}^{n-1}$。

利用狄利克雷拉普拉斯算子 $-\Delta$ 在有界域中的谱分解，得到了一个不同的分数阶拉普拉斯算子。众所周知，算子 $-\Delta$ 具有特征对 (λ_k, φ_k)，$\lambda_k = k^2\pi^2$，$\phi_k = \sqrt{2}\sin j\pi x$，$j = 1, 2, 3, \cdots$ 服从 Ω 上齐次狄利克雷边界条件，使得

$$\begin{cases}-\Delta\varphi_k = \lambda_k\varphi_k, & \Omega, \\ \varphi_k = 0, & \partial\Omega,\end{cases}$$

式中，$\{\phi_k\}_{k\in\mathbb{N}}$ 为 $H_0^1(\Omega)$ 和 $\|\nabla_x\phi_k\|_{L^2(\Omega)}=\sqrt{\lambda_k}$ 的正交基。有了这个谱分解，对于 $u\in C_0^\infty(\Omega)$，谱分数阶拉普拉斯函数 $-\Delta$ 可以定义为

$$(-\Delta)^s u = \sum_{k=1}^\infty u_k。 \quad (2\text{-}3)$$

式中，系数 u_k 定义为 $u_k = \int_\Omega u\phi_k$。需要指出的是，谱的定义依赖于定义域 Ω，而任意点的主值积分式（2-2）与定义域无关。在本书中，我们将采用的定义是基于分数阶拉普拉斯式（2-3）的谱理论。式（2-3）中谱分解的定义似乎没有奇点，

第2章　具有谱分数阶拉普拉斯算子的分数阶扩散的有限元方法

但根据最近的文献[12]，通过热方程 $e^{t\Delta_B}u(x)=\sum_{k=1}^{\infty}e^{-\lambda_k t}\phi_k(x)u_k$ 的经典理论，其中 $u(x)=\sum_{k=1}^{\infty}\phi_k(x)u_k$，在 Bochener 积分的意义上，似乎很容易得到

$$(-\Delta_B)^s u(x) \triangleq \frac{1}{\Gamma(-s)}\int_0^{\infty}\left[e^{t\Delta_B}u(x)-u(x)\right]\frac{\mathrm{d}t}{t^{1+s}} = \frac{1}{\Gamma(-s)}\int_0^{\infty}\left(\sum_{k=1}^{\infty}e^{-\lambda_k t}\phi_k(x)u_k - \sum_{k=1}^{\infty}\phi_k(x)u_k\right)\frac{\mathrm{d}t}{t^{1+s}}$$

$$= \sum_{k=1}^{\infty}\left(\frac{1}{\Gamma(-s)}\int_0^{\infty}(e^{-\lambda_k t}-1)\frac{\mathrm{d}t}{t^{1+s}}\right)\phi_k(x)u_k = \sum_{k=1}^{\infty}\lambda_k^s\phi_k(x)u_k,$$

式中，第一个等式实际上是 Bochener 分数拉普拉斯定义，这表明奇点也可以用谱分数拉普拉斯来描述。

近年来，分数阶拉普拉斯偏微分方程（PDEs）越来越受到人们的关注，主要是由于它在多孔介质和随机过程中的潜在应用[3-4]等。与经典拉普拉斯偏微分方程类似，只有很少的分数阶拉普拉斯偏微分方程可以得到解析解。因此，分数阶拉普拉斯偏微分方程的数值方法和计算变得越来越必要和重要。在这方面已有一些研究。例如，在文献[20]中，Anh 等人引入了矩阵变换技术来计算分数阶拉普拉斯算子的空间离散化。Nochetto 等人[24-25]利用有限元方法研究了一般域的分数阶扩散和时空分数阶抛物问题。其他一些数值方法可参考[1，25，30]。关于分数阶拉普拉斯方程的线性和非线性方程的唯一性和规律性，读者可以参考文献[5，6，8，9，10，11，17，28]。

一般来说，分数阶拉普拉斯函数 $(-\Delta)^s$ 常用于描述地质非均质性或具有异常的空间扩散。Cafarelli 和 Silvestre 表明，所谓的 Dirichlet-to-Neumann 算子是计算整个空间 $\mathbb{R}^n$ 中作用于函数 u 的半拉普拉斯算子作为边界上 $\mathbb{R}_+^{n+1}$ 的法向导数的清晰路径文献[18-19]中，Hu 等采用这种扩展技术和有限差分法直接离散分数阶拉普拉斯算子。本书尝试用带谱分数阶拉普拉斯算子的有限元方法对方程式（2-1）进行数值求解和分析。为了避免分数阶拉普拉斯积分公式的直接离散，我们采用推广技术。当然，其优点是我们解决了扩展的局部方程，而不是处理非局部算子 $-\Delta$，以降低计算复杂性。通过 Cafarelli-Silvestre 推广，方程式（2-1）可以推广（或提升）为以下局部方程：

$$\begin{cases} {_cD_{0,t}^\alpha} u + \dfrac{1}{d_s}\dfrac{\partial \mathcal{U}}{\partial z^\beta} = f, (x, z) \in \Omega \times \{z=0\}, \ t>0, \\ \nabla \cdot (z^\beta \nabla u) = 0, (x, z) \in \Omega \times \{z|z>0\}, \ t>0, \\ u(x, z, t)|_{t=0} = \mathcal{U}(x, 0, 0) = u_0(x), (x, z) \in \bar{\Omega} \times \{z=0\}, \\ u(x, z, t) = 0, (x, z) \in (\mathbb{R}^n \setminus \Omega) \times [0, \infty), \ t \geqslant 0, \end{cases} \quad (2\text{-}4)$$

式中，$\dfrac{\partial u}{\partial z^\beta}|_{z=0} = -\lim\limits_{z\to 0^+} z^\beta u_z$ 为 u 的法向外导数；z 为 $G = \Omega \times \{z|z\geqslant 0\} = \Omega \times [0, \infty)$ 的法向外单位，其中 $\Omega \times \{z=0\}$，$u_z = \dfrac{\partial u}{\partial z}$ 和 $d_s = \dfrac{2^{1-2s}\Gamma(1-s)}{\Gamma(s)}$。更多细节请参见 [18, 19]。则式（2-4）的解 $z \to 0^+$，i.e.，$u(x, t) = \lim\limits_{z\to 0^+} u(x, z, t)$ 可得式（2-1）的解 $u(x, t)$。

本书的其余部分概述如下。第 2.2 节专门为下面的分析做铺垫。第 2.3 节推导了数值格式，并进行了理论分析。第 2.4 节给出了数值算例，结果表明数值结果与理论结果吻合较好。

2.2 预备工作

回忆几个常用的空间。对于 $0 < s < 1$，通过密度，谱分数拉普拉（$-\Delta$）可以推广到 Hilbert 空间。

$$H^s(\Omega) = \left\{ u = \sum_{k=1}^\infty (u, \phi_k)\phi_k \in L^2(\Omega) : |u|_{H^s(\Omega)}^2 = \sum_{k=1}^\infty \lambda_k^s (u, \phi_k)^2 < \infty \right\}$$

并配备了规范：

$$\|u\|_{H^s(\Omega)} = \left(\|u\|_{L^2(\Omega)}^2 + |u|_{H^s(\Omega)}^2 \right)^{\frac{1}{2}}。$$

一方面，当 $\partial\Omega$ 为 Lipschitz 时，当且仅当 $s \leqslant \dfrac{1}{2}$，i.e.，$H_0^s(\Omega) = H^s(\Omega)$，空间 $C_0^\infty(\Omega)$ 在 $H^s(\Omega)$ 中是致密的。如果 $s > \dfrac{1}{2}$，则 $H_0^s(\Omega)$ 被严格地包含在 $H^s(\Omega)$ 中（见

[23] 定理 11.1)。另一方面，空间 $H^s(\Omega)$ 也可以看作限制到 Ω 的函数在空间 $H^s(\mathbb{R}^n)$ 和空间 $H_0^s(\Omega)$ ；其可以定义为 $C_0^\infty(\Omega)$ 的闭包和关于 $H^s(\Omega)$ 的规范。众所周知，如果 Ω 的边界是光滑的，则用插值法给出了定义分数 Sobolev 空间的等效方法[23]。同时，给出了加权 Sobolev 空间的一些定义和性质。$G \subset \mathbb{R}_+^{n+1} = \mathbb{R}^n \times \mathbb{R}^+$ 是 $\mathbb{R}^{n+1}(n \geq 1)$ 的定义域，在这里定义

$$(u, v)_{L^2(z^\beta, G)} = \int_G z^\beta uv \mathrm{d}G, \quad \forall u, v \in L^2(z^\beta, G),$$

和

$$\|u\|_{L^2(z^\beta, G)} = \left(\int_G z^\beta u^2 \mathrm{d}G\right)^{\frac{1}{2}},$$

这里 u, v 必须在 Schwartz 空间中，如果 G 无界。现在定义 $H^1(z^\beta, G) = \{u \in L^2(z^\beta, G): |\nabla u| \in L^2(z^\beta, G)\}$，配有标准

$$\|U\|_{H^1(z^\beta, G)} = (\|U\|_{L^2(z^\beta, G)}^2 + |U|_{H^1(z^\beta, G)}^2)^{\frac{1}{2}}。 \quad (2\text{-}5)$$

我们能自然地做出判断：

$$\dot{H}_E^1(z^\beta, G) = \{u \in H^1(z^\beta, G): \mathcal{U} = 0 \text{ on } \partial\Omega \times [0, \infty)\},$$

其中，对于 $u \in \dot{H}_E^1(z^\beta, G)$，$\mathrm{tr}_\Omega \mathcal{U}$ 表示其到 $\Omega \times \{z = 0\}$ 的迹。

为了给 $T > 0$ 和 $u: G \times [0, T] \to \mathbb{R}$，我们认为 u 和价值观的功能在希尔伯特空间 X，$u:[0, T] \mapsto u(t) \equiv u(\cdot, t) \in X$。对于 $p=2$，希尔伯特空间 $L^2(0, T; X)$ 是一个在 X 中很普遍的空间 $L^2[0, T]$。

$$\|u\|_{L_2(0, T; X)} = \left(\int_0^T \|u(t)\|_X^2 \mathrm{d}t\right)^{\frac{1}{2}}, \|u\|_{L^\infty(0, T; X)} = \operatorname*{esssup}_{t \in [0, T]} \|u(t)\|_X。$$

2.3 数值算法

在本节中,我们首先展示时间离散化,然后进行空间中的有限元方法,建立全离散化方案,并给出相关的理论分析。

2.3.1 时间离散化

目前,时间离散是基于 Hadamard 有限部分积分(或 Hadamard 意义上的有限部分积分)进行的[13-16]。Diethelm 表明,如果使用 $u \in C^2[0, T]$,截断误差为 $O(\Delta t^{2-\alpha})$。这里我们简单地介绍一下有限部分积分。

Riemann-Liouville 分数阶导数 $_{RL}D_{0,t}^\alpha u(t)$ 可以重写为

$$_{RL}D_{0,t}^\alpha u(t) = \frac{1}{\Gamma(-\alpha)} = \int_0^t \frac{u(\tau)}{(t-\tau)^{1+\alpha}} \mathrm{d}\tau, \quad \alpha > 0,$$

积分必须被解释为阿达玛有限部分积分,$u \in C^2[0, T]$。设 $0 = t_0 < t_1 < \cdots < t_n = T$ 为 $[0, T]$ 的分划。然后,令 $t_j = \frac{j}{n}$,$j = 1, 2, \cdots, n$ 为分区,$\Delta t = \frac{1}{n}$ 为时间步长。令 $t_j - \tau = t_j w$,其中 $w \in (0, 1)$,有

$$_{RL}D_{0,t}^\alpha [u - u_0]|_{t=t_j} = \frac{1}{\Gamma(-\alpha)} \int_0^{t_j} \frac{u(\tau) - u(0)}{(t-\tau)^{1+\alpha}} \mathrm{d}\tau$$

$$= \frac{t_j^{-\alpha}}{\Gamma(-\alpha)} \int_0^1 \frac{u(t_j - t_j w) - u(0)}{w^{1+\alpha}} \mathrm{d}w$$

$$= \frac{t_j^{-\alpha}}{\Gamma(-\alpha)} \int_0^1 \frac{g(w)}{w^{1+\alpha}} \mathrm{d}w,$$

式中,$g(w) = u(t_j - t_j w) - u(0)$。

现在,对于每一个 j,我们用一次复合正交公式替换 $g(w)$ 间隔节点 $0, \frac{1}{j}, \frac{2}{j}, \cdots, \frac{j}{j}$,则得到

$$\int_0^1 g(w) w^{-1-\alpha} \mathrm{d}w = \sum_{k=0}^{j} \alpha_{kj} g\left(\frac{k}{j}\right) + R_j(g),$$

式中，α_{kj} 权值[14]为

$$\alpha(1-\alpha) j^{-\alpha} \alpha_{kj} = \begin{cases} -1, & k = 0, \\ 2k^{1-\alpha} - (k-1)^{1-\alpha} - (k+1)^{1-\alpha}, & k = 1, 2, \cdots, j-1, \\ (\alpha-1) k^{-\alpha} - (k-1)^{1-\alpha} + k^{1-\alpha}, & k = j; \end{cases} \quad (2\text{-}6)$$

其中，

$$\| R_j(g) \| \leqslant C_T \Delta t^{2-\alpha}. \quad (2\text{-}7)$$

因此

$$\begin{aligned}
{}_{\mathrm{RL}} D_{0,t}^{\alpha} [u - u_0]\big|_{t=t_j} &= \frac{t_j^{-\alpha}}{\Gamma(-\alpha)} \left\{ \sum_{k=0}^{j} \alpha_{kj} \left[u(t_j - t_k) - u(0) + R_j(g) \right] \right\} \\
&= \Delta t^{-\alpha} \sum_{k=0}^{j} w_{kj} [u(t_j - t_k) - u(0)] + \frac{t_j^{-\alpha}}{\Gamma(-\alpha)} R_j(g).
\end{aligned} \quad (2\text{-}8)$$

在这里

$$\Gamma(2-\alpha) w_{kj} = \begin{cases} 1, & k = 0, \\ -2k^{1-\alpha} + (k-1)^{1-\alpha} + (k+1)^{1-\alpha}, & k = 1, 2, \cdots, j-1, \\ -(\alpha-1) k^{-\alpha} + (k-1)^{1-\alpha} - k^{1-\alpha}, & k = j, \end{cases}$$

余项 $R_j(g)$ 满足 $\| R_j(g) \| \leqslant C_T \Delta t^{2-\alpha}$。

上述格式很容易应用于方程式（2-4）的第一个方程，用 u 代替 u 的位置。

2.3.2 有限元离散化

在本节中，我们考虑求解式（2-4）的空间离散化方案，为了描述伽辽金格式，我们使用文献[31]中的标准符号。为了避免技术性的困难，我们假设 Ω 的边界是多边形的，Ω 的分区是不相交的，任何三角形的顶点都不位于另一个三角形边的内部的三角形，并且使得三角形的并集决定了一个多边形域 $\Omega_h \subset \Omega$ 上的边界顶点 $\partial \Omega$。我们还假设三角部分是准均匀的，而且这些三角形的大小基本上是一样的。

由于方程式（2-4）的解$\mathcal{U}$是在无限定义域G上定义的，在这种情况下，它不能用有限元方法直接近似。而$\mathcal{U}$则利用第二类修正贝塞尔函数在扩展方向上衰减得足够快[24-25]。对于一个合适的已定义的M，提出将柱体$G=\Omega\times(0,\infty)$截断为$G_z=\Omega\times(0,M)$，并在该有界域内求解。在实际计算中，我们使用$\partial\Omega$代替$\mathbb{R}^n\setminus\Omega$，使用$\partial\Omega\times[0,M]$代替$(\mathbb{R}^n\setminus\Omega)\times[0,\infty)$，i.e.$\mathcal{U}(x,z,t)|_{(\partial\Omega\times[0,M])\cup(\Omega\times\{z=M\})}=0$，前面的假设是合理的，因为$\lim\limits_{z\to+\infty}\mathcal{U}(x,z,t)=0$，使第二类贝塞尔函数迅速消失。

因此，我们可以考虑截断后的方程：

$$\begin{cases} {}_cD_{0,t}^\alpha\mathcal{U}+\dfrac{1}{d_s}\dfrac{\partial\mathcal{U}}{\partial z^\beta}=f,(x,z)\in\Omega\times\{z=0\},\ t>0,\\ \nabla\cdot(z^\beta\nabla\mathcal{U})=0,(x,z)\in G_z=\Omega\times(0,M),\ t>0,\\ \mathcal{U}(x,z,t)|_{t=0}=\mathcal{U}(x,0,0)=u_0(x),(x,z)\in\bar\Omega\times\{z=0\},\\ \mathcal{U}(x,z,t)=0,(x,z)\in(\partial\Omega\times[0,M])\cup(\Omega\times\{z=M\}),\ t\geqslant 0。\end{cases} \quad (2-9)$$

为了理解式（2-9）在有界域中的弱意义，自然要定义

$$\overset{1}{E}(z^\beta,G_z)=\{\mathcal{U}\in H^1(z^\beta,G_z):\mathcal{U}=0\,\text{on}\,(\partial\Omega\times[0,M])\cup(\Omega\times\{z=M\})\},$$

通过扩展技术，我们有：

$$\operatorname{tr}_{\Omega E}^1(z^\beta,G_z)=H^s(\Omega)。 \quad (2-10)$$

更多的细节可以参考附录A。

为了考虑式（2-1）的Caffarelli-Silvestre扩展，我们现在定义

$$W=\{u\in L^\infty(0,T;L^2(\Omega))\cap L^2(0,T;H_0^s(\Omega)):{}_cD_{0,t}^\alpha u\in L^2(0,T;H^{-s}(\Omega))\},$$

和

$$V=\{\mathcal{U}\in L^2(0,T;\overset{1}{E}(z^\beta,G_z)):{}_cD_{0,t}^\alpha\operatorname{tr}_\Omega\mathcal{U}\in L^2(0,T;H^{-s}(\Omega))\}。$$

$H^{-s}(\Omega)$是$H_0^s(\Omega)$的对偶空间。因此，对于给定的$f\in L^2(0,T;H^{-s}(\Omega))$，函数$u\in W$，求解式（2-1）变成当且仅当调和扩展$\mathcal{U}\in V$时求解式（2-9），即对于$t\in[0,T]$，对于任意$t>0$，求$\mathcal{U}\in V$使$\operatorname{tr}_\Omega\mathcal{U}=u$，因此给出式（2-1）的弱表达式

第 2 章　具有谱分数阶拉普拉斯算子的分数阶扩散的有限元方法

和式（2-9）的弱表达式如下。

$$({}_C D_{0,\,t}^{\alpha} u,\ v) + ((-\Delta)^s u,\ v) = \langle f,\ v \rangle,\ v \in H_0^s(\Omega), \tag{2-11}$$

$$(\mathrm{tr}_{\Omega C} D_{0,\,t}^{\alpha} \mathcal{U},\ \mathrm{tr}_{\Omega} \mathcal{V}) + a(\mathcal{U},\ \mathcal{V}) = \langle f,\ \mathrm{tr}_{\Omega} \mathcal{V} \rangle,\ \forall \mathcal{V} \in \dot{H}_E^1(z^{\beta},\ G_z)_\circ \tag{2-12}$$

其中，

$$a(\mathcal{U},\ \mathcal{V}) = \frac{1}{d_s} \int_{G_z} z^{\beta} \nabla \mathcal{U} \nabla \mathcal{V} \mathrm{d} G_{z \circ} \tag{2-13}$$

式（2-1）基于标准有限元法的空间离散如下。设 $R_h: \dot{H}_E^1(z^{\beta},\ G_z) \to S_h$ 为椭圆投影（或 Ritz 投影），定义为

$$(\nabla R_h \mathcal{U},\ \nabla \chi)_{L^2(z^{\beta},\ G_z)} = (\nabla \mathcal{U},\ \nabla \chi)_{L^2(z^{\beta},\ G_z)},\ \forall \chi \in S_h,\ \mathcal{U} \in \dot{H}_E^1(z^{\beta},\ G_z), \tag{2-14}$$

文献[25]中 25 引理 27 提出了如下椭圆投影误差估计。

引理 2.1[25]　如果 $\mathcal{U} \in \dot{H}_E^1(z^{\beta},\ G_z)$，$\mathcal{S}(\mathcal{U}) = \|\nabla \nabla_x \mathcal{U}(\cdot,\ t)\|_{L^2(z^{\beta},\ G_z)} + \|\partial_{yy} \mathcal{U}(\cdot,\ t)\|_{L^2(z^{\beta},\ G_z)} < \infty$，则

$$\|\nabla(\mathcal{U} - R_h \mathcal{U})\|_{L^2(z^{\beta},\ G_z)} + \|\mathrm{tr}_{\Omega}(\mathcal{U} - R_h \mathcal{U})\|_{H^s(\Omega)} \leqslant C |\log N|^s N^{-1/(n+1)} \mathcal{S}(\mathcal{U}),$$

式中，N 为 G_z 的自由度数。与标准的、未加权的椭圆投影一样，通过对偶性对 $L_2(\Omega)$ 中加权椭圆投影的改进估计如下。

$$\|\mathrm{tr}_{\Omega}(\mathcal{U} - R_h \mathcal{U})\|_{L^2(\Omega)} \leqslant C |\log N|^{2s} N^{-\frac{1+s}{n+1}} \mathcal{S}(\mathcal{U})_\circ \tag{2-15}$$

接下来，我们考虑求解式（2-1）的完全离散化格式。式（2-1）的变分形式是求解 $\mathcal{U}(x,\ z,\ t) \in \dot{H}_E^1(z^{\beta},\ G_z)$，使得

$$\left(\mathrm{tr}_{\Omega}\left[{}_{RL} D_{0,\,t}^{\alpha}\left(\mathcal{U}_h(x,\ z,\ t) - \mathcal{U}_0\right)\right],\ \mathrm{tr}_{\Omega} \chi\right) + a(\mathcal{U}_h(x,\ z,\ t),\ \chi)$$

$$= \langle f,\ \mathrm{tr}_{\Omega} \chi \rangle,\ \forall \chi \in \dot{H}_E^1(z^{\beta},\ G_z)_\circ \tag{2-16}$$

令 $A_h = (-\Delta_h)^s : S_h \to S_h$,满足

$$(A_h \mathcal{U}_h, \chi) = \frac{1}{d_s}(z^\beta \nabla \mathcal{U}_h, \nabla \chi), \sim \forall \chi \in S_h。$$

现在我们把式（2-16）写成抽象形式

$$\mathrm{tr}_\Omega \big[{}_{RL}D_{0,t}^\alpha (\mathcal{U}(x, z, t) - \mathcal{U}_0) \big] + A_h \mathcal{U}_h = P_h f,$$

式中，$P_h: \mathrm{tr}_{\Omega E}^1(z^\beta, G_z) \to \mathrm{tr}_\Omega S_h$ 近似为 L^2 在 $\mathrm{tr}_\Omega S_h$ 上的投影。设 U^j 表示 $\mathcal{U}(t_j)$，我们可以得到如下的完全离散化方案：

$$\mathrm{tr}_\Omega \left[\frac{t_j^{-\alpha}}{\Gamma(-\alpha)} \sum_{k=0}^{j} \alpha_{kj}(\mathcal{U}^{j-k} - \mathcal{U}^0) \right] + A_h \mathcal{U}^j = P_h f_j, \quad j = 1, 2, 3, \cdots \qquad （2-17）$$

在实际计算中，需要强调的是，空间有限元法几乎和整数阶的情况一样，只是考虑了权重 z^β。

接下来，我们考虑求解压裂传统拉普拉斯方程的有限元方法的误差估计。实际上，通过 $u(x, t) = \lim\limits_{z \to 0^+} \mathcal{U}(x, z, t)$，我们可以对式（2-1）或式（2-4）提供误差估计，并得到下面的误差定理。

定理 2.1 设 $\mathcal{U}(t_j)$ 和 $\mathcal{U}^j$ 是式（2-1）的精确解和近似解，N 是 G_z 的自由度数，$\mathcal{U} \in C^2([0, T]; H^s(\Omega))$，初始条件为 $\mathcal{U}^0 = R_h \mathcal{U}(t_0)$。则

$$\| \mathrm{tr}_\Omega (\mathcal{U}^j - \mathcal{U}(t_j)) \|_{L^2(\Omega)} \leq C \left(\Delta t^{2-\alpha} + |\log N|^{2s} N^{-\frac{1+s}{n+1}} \right)。$$

证明： 设 $h = \Delta x$ 为空间步长。则有

$$e^j = \mathcal{U}^j - \mathcal{U}(t_j) = \mathcal{U}^j - R_h \mathcal{U}(t_j) + R_h \mathcal{U}(t_j) - \mathcal{U}(t_j) = \zeta^j + \eta^j, \quad j = 1, 2, 3, \cdots,$$

其中，

$$\zeta^j = \mathcal{U}^j - R_h \mathcal{U}(t_j),$$

$$\eta^j = R_h \mathcal{U}(t_j) - \mathcal{U}(t_j)。$$

第 2 章 具有谱分数阶拉普拉斯算子的分数阶扩散的有限元方法

根据里兹投影,引理 2.1 的误差估计为

$$\| \text{tr}_\Omega(\eta^j) \|_{L^2(\Omega)} = \| \text{tr}_\Omega(R_h \mathcal{U}(t_j) - \mathcal{U}(t_j)) \|_{L^2(\Omega)} \leq C |\log N|^{2s} N^{-\frac{1+s}{n+1}} \mathcal{S}(\mathcal{U}(t_j)),$$

因为 $\mathcal{S}(\mathcal{U}) = \| \nabla \nabla_x \mathcal{U}(\cdot, t) \|_{L^2(z^\beta, G_z)} + \| \partial_{yy} \mathcal{U}(\cdot, t) \|_{L^2(z^\beta, G_z)} < \infty$ 从(2-17)中的 $\Omega \times \{z=0\}$,通过使用投影算子,有:

$$\left[\frac{t_j^{-\alpha}}{\Gamma(-\alpha)} \sum_{k=0}^{j} \alpha_{kj}(\zeta^{j-k} - \zeta^0) \right] + A_h \zeta^j$$

$$= \frac{t_j^{-\alpha}}{\Gamma(-\alpha)} \sum_{k=0}^{j} \alpha_{kj}(\mathcal{U}^{j-k} - \mathcal{U}^0) + A_h \mathcal{U}^j - \frac{t_j^{-\alpha}}{\Gamma(-\alpha)} \sum_{k=0}^{j} \alpha_{kj} R_h \left[\mathcal{U}(t_{j-k}) - \mathcal{U}_0 \right] - A_h R_h \mathcal{U}(t_j)$$

$$= P_h f_j - \left[\frac{t_j^{-\alpha}}{\Gamma(-\alpha)} \sum_{k=0}^{j} \alpha_{kj} R_h \left[\mathcal{U}(t_{j-k}) - \mathcal{U}_0 \right] - A_h \mathcal{U}(t_j) \right]$$

$$= -P_h \omega^j 。$$

其中,

$$\omega^j = -_{\text{RL}} D_{0,t}^\alpha [\mathcal{U}(t_j) - \mathcal{U}_0] + R_h \left\{ \frac{t_j^{-\alpha}}{\Gamma(-\alpha)} \sum_{k=0}^{j} \alpha_{kj} \left[\mathcal{U}(t_{j-k}) - \mathcal{U}_0 \right] \right\}$$

$$= (R_h - I) \frac{t_j^{-\alpha}}{\Gamma(-\alpha)} \sum_{k=0}^{j} \alpha_{kj} \left[\mathcal{U}(t_{j-k}) - \mathcal{U}_0 \right]$$

$$+ \frac{t_j^{-\alpha}}{\Gamma(-\alpha)} \sum_{k=0}^{j} \alpha_{kj} (\mathcal{U}(t_{j-k}) - \mathcal{U}_0) -_{\text{RL}} D_{0,t}^\alpha \left[u(t_j) - \mathcal{U}_0 \right]$$

$$= \sigma^j + \delta^j,$$

其中,

$$\sigma^j = (R_h - I) \frac{t_j^{-\alpha}}{\Gamma(-\alpha)} \sum_{k=0}^{j} \alpha_{kj} \left[\mathcal{U}(t_{j-k}) - \mathcal{U}_0 \right],$$

$$\delta^j = \frac{t_j^{-\alpha}}{\Gamma(-\alpha)} \sum_{k=0}^{j} \alpha_{kj} \left[\mathcal{U}(t_{j-k}) - \mathcal{U}_0 \right] -_{\text{RL}} D_{0,t}^\alpha \left[\mathcal{U}(t_j) - \mathcal{U}_0 \right] 。$$

因此我们得到

$$\frac{t_j^{-\alpha}}{\Gamma(-\alpha)}\sum_{k=0}^{j}\alpha_{kj}\left(\zeta^{j-k}-\zeta^0\right)+A_h\zeta^j=-P_h\left(\sigma^j+\delta^j\right)_\circ$$

利用引理附录 B.1，得到

$$\|\operatorname{tr}_\Omega \zeta^j\|_{L^2(\Omega)} \leqslant 2\|\zeta^0\|_{L^2(\Omega)}+\frac{\sin\pi\alpha}{\pi}\cdot|\Gamma(-\alpha)|\cdot t_j^\alpha \cdot \|\operatorname{tr}_\Omega(\sigma^j+\delta^j)\|_{L^2(\Omega)}$$

$$\leqslant 2\|\zeta^0\|_{L^2(\Omega)}+\frac{\sin\pi\alpha}{\pi}\cdot|\Gamma(-\alpha)|\cdot(t_j^\alpha\|\operatorname{tr}_\Omega\sigma^j\|_{L^2(\Omega)}+t_j^\alpha\|\operatorname{tr}_\Omega\delta^j\|_{L^2(\Omega)})_\circ$$

由式（2-7）和式（2-8）可得

$$t_j^\alpha\|\operatorname{tr}_\Omega\delta^j\|_{L^2(\Omega)}=t_j^\alpha\left\|\operatorname{tr}_\Omega\left[\frac{t_j^{-\alpha}}{\Gamma(-\alpha)}\sum_{k=0}^{j}\alpha_{kj}\left[\mathcal{U}(t_{j-k})-\mathcal{U}_0\right]-{}_{\mathrm{RL}}D_{0,t}^\alpha\left[\mathcal{U}(t_j)-\mathcal{U}_0\right]\right]\right\|_{L^2(\Omega)}$$

$$\leqslant t_j^\alpha\left\|\frac{t_j^{-\alpha}}{\Gamma(-\alpha)}R_j\right\|_{L^2(\Omega)}$$

$$\leqslant C_T\Delta t^{2-\alpha}_\circ$$

接下来，

$$t_j^\alpha\|\operatorname{tr}_\Omega\sigma^j\|_{L^2(\Omega)}=t_j^\alpha\left\|\operatorname{tr}_\Omega\left\{(R_h-I)\frac{t_j^{-\alpha}}{\Gamma(-\alpha)}\sum_{k=0}^{j}\alpha_{kj}\left[\mathcal{U}(t_{j-k})-\mathcal{U}_0\right]\right\}\right\|_{L^2(\Omega)} \quad (2\text{-}18)$$

$$\leqslant Ct_j^\alpha|\log N|^{2s}N^{-\frac{1+s}{n+1}}\mathcal{S}\left\{\sum_{k=0}^{j}\alpha_{kj}\left[\mathcal{U}(t_{j-k})-\mathcal{U}_0\right)\right\}_\circ$$

注意，$g(t)=\mathcal{U}(t_j-t_jt)-\mathcal{U}_0$，这里 $\sum_{k=0}^{j}\alpha_{kj}=-\dfrac{1}{\alpha}$，有

$$\sum_{k=0}^{j}\alpha_{kj}\left[\mathcal{U}(t_{j-k})-\mathcal{U}_0\right]=\sum_{k=0}^{j}\alpha_{kj}g\left(\frac{k}{j}\right)+R_j=\int_0^1 g(t)t^{-1-\alpha}\mathrm{d}t,$$

式中，$\|R_j\|\leqslant C_T\Delta t^{2-\alpha}$。此外，

第 2 章 具有谱分数阶拉普拉斯算子的分数阶扩散的有限元方法

$$\int_0^1 g(t)t^{-1-\alpha}\mathrm{d}t = \int_0^1 \mathcal{U}(t_j - t_j t)t^{-1-\alpha}\mathrm{d}t$$

$$= \int_0^{t_j} \mathcal{U}(\tau)\left(\frac{t_j-\tau}{t_j}\right)^{-1-\alpha}\frac{1}{t_j}\mathrm{d}\tau$$

$$= t_j^{\alpha}\int_0^{t_j}(t_j-\tau)^{-1-\alpha}\mathcal{U}(\tau)\mathrm{d}\tau$$

$$= t_j^{\alpha}\Gamma(-\alpha)_{\mathrm{RL}}D_{0,t}^{\alpha}\mathcal{U}(t_j)。$$

因此

$$\mathcal{S}\left\{\sum_{k=0}^{j}\alpha_{kj}\left[\mathcal{U}(t_{j-k})-\mathcal{U}_0\right]\right\} \leqslant C_T\left\{|\Gamma(-\alpha)|\cdot\mathcal{S}\left[{}_{\mathrm{RL}}D_{0,t}^{\alpha}\mathcal{U}(t_j)\right]+\Delta t^{2-\alpha}\right\},$$

$$t_j^{\alpha}\|\operatorname{tr}_{\Omega}\sigma^j\|_{L^2(\Omega)} \leqslant C_T|\log N|^{2s}N^{-\frac{1+s}{n+1}}\left\{|\Gamma(-\alpha)|\cdot\mathcal{S}\left[{}_{\mathrm{RL}}D_{0,t}^{\alpha}\mathcal{U}(t_j)\right]+\Delta t^{2-\alpha}\right\}。$$

因此，对于 $\mathcal{S}\left[{}_{\mathrm{RL}}D_{0,t}^{\alpha}\mathcal{U}(t_j)\right]<\infty$，则有

$$\|\operatorname{tr}_{\Omega}\zeta^j\|_{L^2(\Omega)} \leqslant 2\|\operatorname{tr}_{\Omega}\zeta^0\|_{L^2(\Omega)} + \frac{\sin\pi\alpha}{\pi}\cdot|\Gamma(-\alpha)|\cdot t_j^{\alpha}\cdot\|\operatorname{tr}_{\Omega}(\sigma^j+\delta^j)\|_{L^2(\Omega)}$$

$$\leqslant 2\|\operatorname{tr}_{\Omega}\zeta^0\|_{L^2(\Omega)} + C\Delta t^{2-\alpha} + C_T|\log N|^{2s}N^{-\frac{1+s}{n+1}}\left\{\mathcal{S}\left[{}_{\mathrm{RL}}D_{0,t}^{\alpha}\mathcal{U}(t_j)\right]+\Delta t^{2-\alpha}\right\}$$

$$\leqslant 2\|\operatorname{tr}_{\Omega}\zeta^0\|_{L^2(\Omega)} + C\left[\Delta t^{2-\alpha} + |\log N|^{2s}N^{-\frac{1+s}{n+1}}\right]。$$

因此

$$\|\operatorname{tr}_{\Omega}\mathrm{e}^j\|_{L^2(\Omega)} \leqslant \|\operatorname{tr}_{\Omega}\zeta^j\|_{L^2(\Omega)} + \|\operatorname{tr}_{\Omega}\eta^j\|_{L^2(\Omega)}$$

$$\leqslant 2\|\zeta^0\|_{L^2(\Omega)} + C\left(\Delta t^{2-\alpha} + |\log N|^{2s}N^{-\frac{1+s}{n+1}}\right) + \|\operatorname{tr}_{\Omega}\eta^j\|_{L^2(\Omega)}。$$

此外，

$$\|\operatorname{tr}_{\Omega}\mathrm{e}^j\|_{L^2(\Omega)} \leqslant C\left(\Delta t^{2-\alpha} + |\log N|^{2s}N^{-\frac{1+s}{n+1}}\right)。$$

证毕。

现在，我们简单地描述一下计算过程。首先，我们引入人工边值条件，即当 $z = M \in \mathbb{R}^+$ 且 M 适当大时，$\mathcal{U}(x, z, t) = 0$。

这个假设是合理的，因为式（2-4）解中的因子是第二类贝塞尔函数，它会迅速衰减到零，详见文献 [18-19]。在第 t_0 层，圆点上的值是未知的。应用初值和边值条件，可以得到这些点的解。然后我们可以得到第 t_1 层的值。执行此过程将导致第 t_k 层上的值，如图 2-3-1 所示。

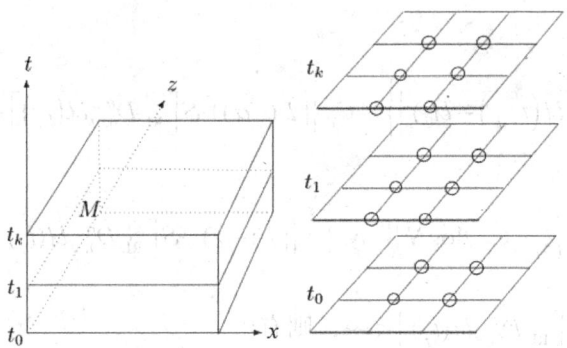

图 2-3-1　计算示意图，其中圆圈表示正在进行研究

2.4　数值例子

例 2.1　考虑下面的系统 $\Omega = (0, 1)$

$$\begin{cases} {}_C D_{0,t}^\alpha u(x, t) = -(-\Delta)^s u(x, t) + f(x, t), \ x \in \Omega, \ t > 0, \\ u(x, 0) = 0, \ \text{on} \ \overline{\Omega}, \\ u(0, t) = u(1, t) = 0, \ t \geq 0, \end{cases} \quad (2\text{-}19)$$

其中，

$$f(x, t) = (2\pi^2)^s \sin(\pi x)\sin(\pi t) + \frac{\pi \sin(\pi x)}{\Gamma(1-\alpha)} \int_0^t (t-\tau)^{-\alpha} \cos(\pi \tau) d\tau_\circ$$

它的精确解是 $u(x, t) = \sin(\pi x)\sin(\pi t)$。

第 2 章 具有谱分数阶拉普拉斯算子的分数阶扩散的有限元方法

为了求解方程式（2-19），我们利用 Caffarelli-Silvestre 推广技术对其进行推广，结果如式（2-20）所示。

$$\begin{cases} {}_cD_{0,t}^{\alpha}\mathcal{U} + \dfrac{1}{d_s}\dfrac{\partial \mathcal{U}}{\partial z^{\beta}} = f(x,\ t), (x,\ z) \in \Omega \times \{z=0\},\ t>0, \\ \nabla \cdot (z^{\beta}\nabla \mathcal{U}) = 0,\ x \in \Omega,\ z>0,\ t>0, \\ \mathcal{U}(x,\ z,\ t)|_{t=0} = 0,\ (x,\ z) \in \bar{\Omega} \times \{z=0\}, \\ \mathcal{U}(x,\ z,\ t)|_{\partial\Omega \times [0,\ \infty)} = 0,\ t \geq 0. \end{cases} \quad (2\text{-}20)$$

式（2-20）的解为 $\mathcal{U}(x,\ z,\ t) = \dfrac{2^{1-s}}{\Gamma(s)}\sin(\pi x)\sin(\pi t)\left(\sqrt{2}\pi z\right)^s K_s\left(\sqrt{2}\pi z\right)$，其中 $K_s\left(\sqrt{2}\pi z\right)$ 为第二类修正贝塞尔函数。

在实际计算中，由于贝塞尔函数衰减很快，我们使用 $G_z = \Omega \times (0,\ 1) \subset G = \Omega \times [0,\ \infty)$。为简洁，设 $\Delta x = \Delta z = h$，计算数值解的 L^2 范数误差：

$$e(\Delta t,\ h,\ t_n) = \left| u(x_i,\ t_n) - u_i^n \right|$$

L^2 范数意义上的收敛阶数定义为

$$\text{order} = \begin{cases} \dfrac{\log(\|e(\Delta t_1,\ h,\ t_n)\| / \|e(\Delta t_2,\ h,\ t_n)\|)}{\log(\Delta t_1 / \Delta t_2)}, & \text{在时间上,} \\ \dfrac{\log(\|e(\Delta t,\ h_1,\ t_n)\| / \|e(\Delta t,\ h_2,\ t_n)\|)}{\log(h_1 / h_2)}, & \text{在空间上.} \end{cases}$$

首先，图 2-4-1 显示了示例的精确解和数值解，其中 $\alpha = 0.3$，$s = 0.1$ 和 $z = 0.001$。图 2-4-2 显示了 $\alpha = 0.3$ 和 $s = 0.1$ 的误差概况。我们发现，正如预期的那样，误差衰减得很快，如 $z=1$，0.1，0.01。

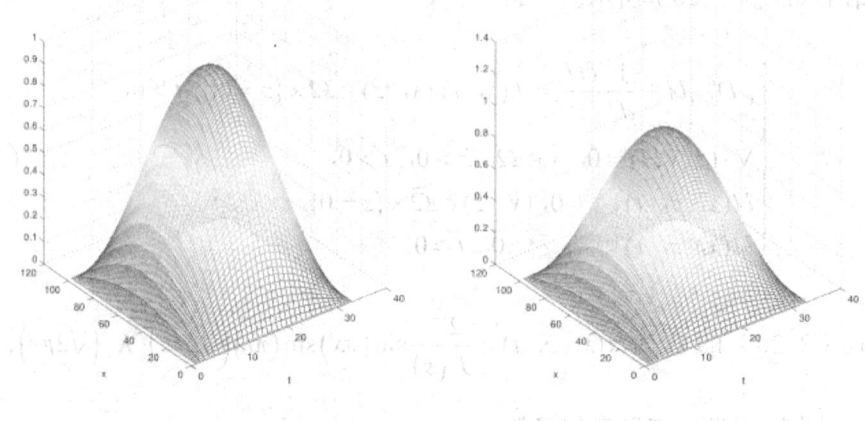

(a) 精确解　　　　　　　　　　　　(b) 数值解

图 2-4-1　当 $a=0.3, s=0.1, z=0.001$ 时，方程式（2-19）的精确解和方程式（2-20）的数值解

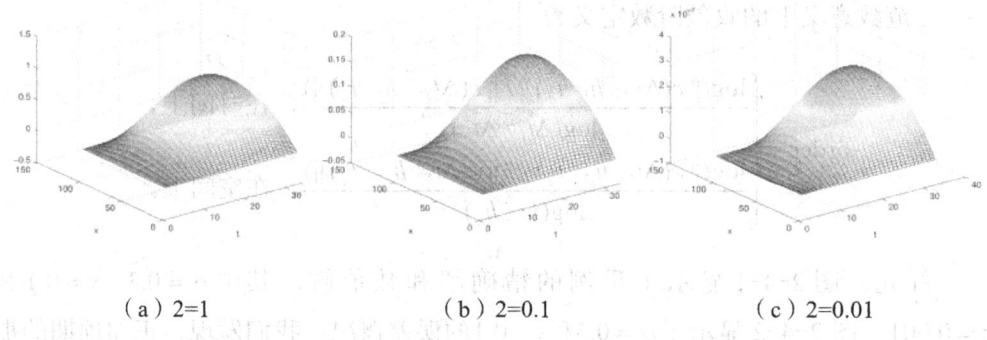

(a) 2=1　　　　　　　　(b) 2=0.1　　　　　　　(c) 2=0.01

图 2-4-2　例 2.1 在 $a=0.3, s=0.1$ 时的误差曲线：

在这种情况下，固定 $T=1$，$\alpha=0.3$，$\beta=0.2$ (i.e. $s=0.4$) 和 $\Delta x = \Delta t = \dfrac{1}{20}$。如表 2-4-1 所示，当 $z\to +\infty$ 时，通过设置 $z=\dfrac{1}{10^i}(i=1,2,3)$ 迅速衰减为零。为了说明当 $z\to 0+$ 时 $U(x,z,t)$ 如何接近 $u(x,t)$，我们首先设 $z=\dfrac{1}{10^{i-1}}(i=2,\cdots,5)$，得到如

第 2 章　具有谱分数阶拉普拉斯算子的分数阶扩散的有限元方法

表 2-4-2 所示的误差。然而，$z \to 0$ 仅仅是理论方法和不具体，这意味着不同的方法和 s 的不同值可能得到不同的近似结果。

表 2-4-1　例 2.1 解的渐近性，其中 $\alpha = 0.3, \beta = 0.2$ (i.e. $s = 0.4$)

$z \to +\infty$	$\Delta x = \Delta z = \Delta t$	$U(x_i, z_j, t_k)$
1	$\dfrac{1}{20}$	$2.330446598329417 \times 10^{-35}$
$\dfrac{1}{10}$	$\dfrac{1}{20}$	$4.085511837094278 \times 10^{-35}$
$\dfrac{1}{10^2}$	$\dfrac{1}{20}$	$3.593606072323082 \times 10^{-227}$
$\dfrac{1}{10^3}$	$\dfrac{1}{20}$	0

表 2-4-2　例 2.1 中 $\lim\limits_{z \to 0^+} U(x, z, t) = u(x, t)$ 的表达式，其中 $\alpha = 0.3$, $\beta = 0.2$ (i.e. $s = 0.4$)

$z \to +\infty$	$\Delta x = \Delta t$	$\text{error} = \max\limits_{i,j,k} \|u(x_i, z_j, t_k) - u(x_i, t_k)\|$
$\dfrac{1}{10}$	$\dfrac{1}{20}$	$6.57128451148 \times 10^{-33}$
$\dfrac{1}{10^2}$	$\dfrac{1}{20}$	$1.18545303326 \times 10^{-33}$
$\dfrac{1}{10^3}$	$\dfrac{1}{20}$	$1.89647336513 \times 10^{-34}$
$\dfrac{1}{10^4}$	$\dfrac{1}{20}$	$3.00752885370 \times 10^{-35}$

接下来，我们在时间和空间上检查收敛率。固定 $T=1$，$\Delta t = \dfrac{1}{1+i}(i=1,\cdots,5)$，$s=0.1$，$\alpha=0.1, 0.5, 0.7$ 则得到如表 2-4-3 所示的 $(2-\alpha)$ 阶时间精度。

表 2-4-3 例 2.1 在 $\Delta x=0.01$，$z=0.001$，$s=0.1$ 时的截断误差和时间收敛阶数

α	Δt	error（L2）	cvge. rate
0.1	1/2	0.03566134709459	*
	1/3	0.01624624221285	1.9390
	1/4	0.00924278227466	1.9605
	1/5	0.00595411199923	1.9707
	1/6	0.00415189667257	1.9773
0.5	1/2	0.28345968960956	*
	1/3	0.15800805016376	1.4413
	1/4	0.10342343101429	1.4732
	1/5	0.07390531953181	1.5059
	1/6	0.05584229071723	1.5371
0.7	1/2	0.46892009355254	*
	1/3	0.27710394889229	1.2973
	1/4	0.18851878979762	1.3389
	1/5	0.13831239569911	1.3878
	1/6	0.10636678301989	1.4404

如表 2-4-4 所示给出了 $\alpha = 0.1$，$s = 0.1$，$\Delta t = 0.01$ 时的空间收敛顺序。数值结果支持了我们的理论分析。

表 2-4-4 当 $\alpha = 0.1$，$s = 0.1$，$\Delta t = 0.01$ 时，例 2.1 的空间收敛阶

$\Delta x = \Delta z$	Δt	cvge. rates
0.1	0.01	*
0.05	0.01	0.5771
0.001	0.01	0.5165
0.005	0.01	0.5143

下面，我们将展示一个更复杂的例子。

第 2 章 具有谱分数阶拉普拉斯算子的分数阶扩散的有限元方法

例 2.2 考虑下面的系统 $\Omega = (0, 1)$，

$$\begin{cases} {}_C D_{0,\,t}^{\alpha} u(x,\,t) = -(-\Delta)^s u(x,\,t) + f(x,\,t), & x \in \Omega,\ t > 0, \\ u(x, 0) = 0, & \text{on } \bar{\Omega}, \\ u(0,\,t) = u(1,\,t) = 0, & t \geq 0_\circ \end{cases} \quad (2\text{-}21)$$

其中，

$$f(x,\,t) = \pi^{2s} t^{1+\alpha} \sin(\pi x) + \frac{(1+\alpha)\sin(\pi x)}{\Gamma(1-\alpha)} \int_0^t (t-\tau)^{-\alpha} \tau^{\alpha} \mathrm{d}\tau_\circ$$

确切解是

$$u(x,\,t) = t^{1+\alpha} \sin(\pi x)$$

为了求解方程式（2-21），我们利用 Caffarelli-Silvestre 推广技术对其进行推广，得到

$$\begin{cases} {}_C D_{0,\,t}^{\alpha} \mathcal{U} + \dfrac{1}{d_s} \dfrac{\partial \mathcal{U}}{\partial z^{\beta}} = f(x,\,t), (x,\,z) \in \Omega \times \{z = 0\},\ t > 0, \\ \nabla \cdot (z^{\beta} \nabla \mathcal{U}) = 0,\ x \in \Omega,\ z > 0,\ t > 0, \\ \mathcal{U}(x,\,z,\,t)|_{t=0} = 0,\ (x,\,z) \in \Omega \times \{z=0\}, \\ \mathcal{U}(x,\,z,\,t)|_{\partial \Omega \times [0,\,\infty)} = 0,\ t \geq 0_\circ \end{cases} \quad (2\text{-}22)$$

方程（2-22）的解为 $\mathcal{U}(x,\,z,\,t) = t^{1+\alpha} \dfrac{2^{1-s}}{\Gamma(s)} \sin(\pi x)(\pi z)^s K_s(\pi z)$，$G = (0, 1) \times$ 和 $G_z = \Omega \times (0, 1)$，其中 $K_s(\pi z)$ 为第二类修正贝塞尔函数。

我们使用导出的方案来计算式（2-22）。图 2-4-3 显示了 $\alpha = 0.3$ 和 $s = 0.1$ 时的误差曲线，当 $z = 1$，0.1，0.01 时，误差衰减很快。图 2-4-4 显示了例 2.2 的精确解和数值解，其中 $\alpha = 0.3$，$s = 0.1$ 和 $z = 0.001$。

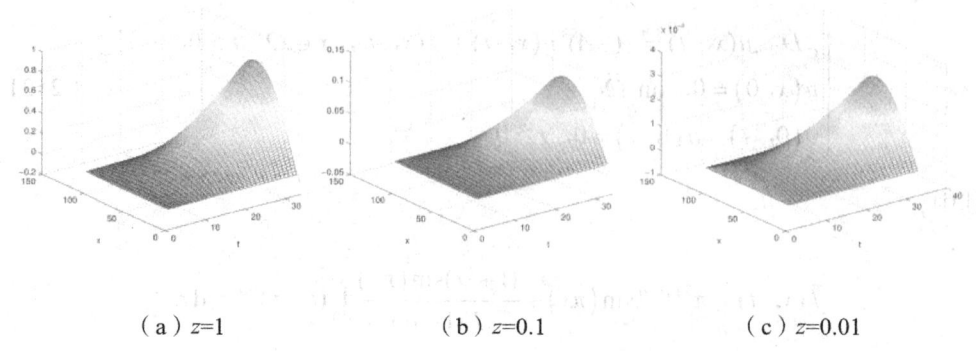

（a）z=1　　　　　　　（b）z=0.1　　　　　　（c）z=0.01

图 2-4-3　例 2.2 在 $\alpha = 0.3$，$s = 0.1$ 时的误差曲线

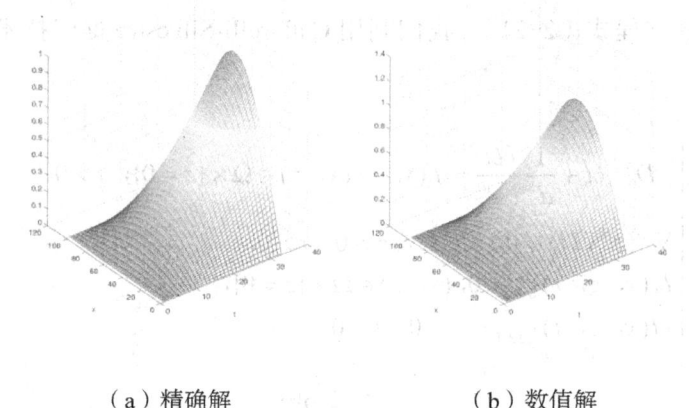

（a）精确解　　　　　　　　　（b）数值解

图 2-4-4　当 $\alpha = 0.3$，$s = 0.1$，$z = 0.001$ 时，方程式（2-21）的精确解和方程式（2-22）的数值解

如表 2-4-5 所示，表明当 $z \to +\infty$，$\alpha = 0.3$ 和 $\beta = 0.2(s = 0.4)$ 时，$\mathcal{U}(x, z, t) = 0$ 迅速衰减为零，我们接下来展示中 $\mathcal{U}$ 和 u 之间的接近效应相同的分区。在这种情况下，我们固定 $T=1$，$\alpha = 0.3$，$\beta = 0.2(s = 0.4)$ 和 $\Delta x = \Delta t = \dfrac{1}{20}$。设 $z = \dfrac{1}{10^{i-1}} (i = 2, 3, 4)$ 表示 z 趋于零的过程，得到误差如表 2-4-6 所示。可以发现，精度结果是很好的。

表 2-4-5　例 2.2 解的渐近性，其中 $\alpha=0.3$，$\beta=0.2$ (i.e.$s=0.4$)

$z \to +\infty$	$\Delta x=\Delta z=\Delta t$	$U(x_i,\ z_j,\ t_k)$
1	$\dfrac{1}{20}$	$7.959193059537645 \times 10^{-19}$
$\dfrac{1}{10}$	$\dfrac{1}{20}$	$1.715537875355359 \times 10^{-31}$
$\dfrac{1}{10^2}$	$\dfrac{1}{20}$	$1.101529554605358 \times 10^{-154}$
$\dfrac{1}{10^3}$	$\dfrac{1}{20}$	0

表 2-4-6　例 2.2 中 $\lim\limits_{z \to 0^+} U(x,\ z,\ t)=u(x,\ t)$ 的表达式，其中 $\alpha=0.3$，$\beta=0.2$ (i.e.$s=0.4$)

$z \to 0+$	$\Delta x = \Delta t$	$\text{error} = \max\limits_{i,\ j,\ k}|u(x_i,\ z_j,\ t_k)-u(x_i,\ t_k)|$
$\dfrac{1}{10}$	$\dfrac{1}{20}$	$4.25056027063 \times 10^{-17}$
$\dfrac{1}{10^2}$	$\dfrac{1}{20}$	$7.36071088689 \times 10^{-18}$
$\dfrac{1}{10^3}$	$\dfrac{1}{20}$	$1.17386791437 \times 10^{-18}$
$\dfrac{1}{10^4}$	$\dfrac{1}{20}$	$1.86119983510 \times 10^{-19}$

固定 $T=1$，$\Delta t = \dfrac{1}{2+i}(i=1,\ \cdots,\ 5)$，$s=0.1$，$\alpha=0.2$ 和 $\alpha=0.9$，则得到如表 2-4-7 中的 $(2-\alpha)$ 次时间精度。

表 2-4-7　例 2.2 的截断误差和时间收敛阶数 $\Delta x = 0.01$，$z = 0.01$，$s = 0.1$

α	Δt	error	cvge.rate
0.2	1/2	0.00603011729060	*
	1/3	0.00310921791711	1.6336
	1/4	0.00192376501006	1.6688
	1/5	0.00131652895864	1.6997
	1/6	0.00096114153494	1.7256
0.5	1/2	0.04877573528860	*
	1/3	0.02748053316191	1.4150
	1/4	0.01764748455650	1.5394
	1/5	0.01216387090955	1.6676
	1/6	0.00873791626493	1.8143

接下来，我们展示空间收敛顺序。我们在表 2-4-8 中给出了不同空间网格尺寸的空间顺序，实验结果验证了理论分析。

表 2-4-8　当 $\alpha = 0.1$，$s = 0.1$，$\Delta t = 0.001$ 时，例 2.2 的空间收敛阶

Δx	Δt	cvge.rates
0.1	0.01	*
0.01	0.01	0.5512
0.001	0.01	0.5233
0.0001	0.01	0.5326

附录 A：

在本附录中，我们将给出一个引理来说明式（2-13）的弱公式。

引理附录 A.1　带分数阶拉普拉斯的椭圆方程

$$\begin{cases} (-\Delta)^s \phi = g, & \text{in}\,\Omega, \\ \phi = 0, & \text{on}\,\mathbb{R}^n \setminus \Omega, \end{cases}$$

第 2 章 具有谱分数阶拉普拉斯算子的分数阶扩散的有限元方法

可以提升为混合边值方程

$$\begin{cases} \dfrac{\partial \Phi}{\partial z^\beta} = d_s g, & \text{on } \Omega \times \{z=0\}, \\ \nabla \cdot (z^\beta \nabla \Phi) = 0, & \text{in } \Omega \times \{z | z > 0\}, \\ \Phi = 0, & \text{on } \partial\Omega \times [0, \infty), \end{cases} \quad (A.1)$$

同时有,

$$a(\Phi, \Psi) = \frac{1}{d_s} \int_G z^\beta \nabla \Phi \nabla \Psi \mathrm{d}G$$

和

$$\lim_{z \to 0^+} a(\Phi, \Psi) = <g, \mathrm{tr}_\Omega \Psi>。$$

证明:首先,在 $\Omega \times \{z=0\}$ 上,我们展示了这个公式 $\dfrac{\partial \Phi}{\partial z^\beta}\Big|_{z \to 0^+} = d_s g$ 等于 $(z^\beta \nabla \Phi) \cdot n \big|_{z \to 0^+} = d_s g$

其中 n 为法向,如图 2-4-5 所示,很容易看出 $n_{\text{lower}} = (n_1, n_2) = (0, -1)$,有

$$\begin{aligned} (z^\beta \nabla \Phi) \cdot n \big|_{z \to 0^+} &= (z^\beta \nabla \Phi) \cdot (n_{\text{lower}} + n_{\text{left}} + n_{\text{right}}) \big|_{z \to 0^+} \\ &= z^\beta \left(\nabla \Phi \cdot n_1 + \frac{\partial \Phi}{\partial z} \cdot n_2 \right) \big|_{z \to 0^+} \\ &= -z^\beta \frac{\partial \Phi}{\partial z} \big|_{z \to 0^+} \\ &= -\lim_{z \to 0^+} z^\beta \Phi_z \\ &\triangleq \frac{\partial \Phi}{\partial z^\beta} \big|_{z \to 0^+} 。 \end{aligned}$$

因此式(A.1)等价于

$$\begin{cases} (z^\beta \nabla \Phi) \cdot n = d_s g, & \text{on } \Omega \times \{z=0\}, \\ \nabla \cdot (z^\beta \nabla \Phi) = 0, & \text{in } \Omega \times \{z | z \in \mathbb{R}^+\}, \\ \Phi = 0, & \text{on } \partial\Omega \times [0, \infty)。 \end{cases}$$

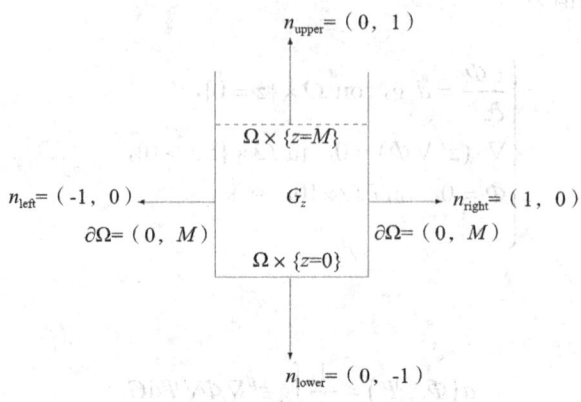

图 2-4-5 扩展域的计算区域

将测试函数与 $\Psi \in \dot{H}_E^1(z^\beta, G_z)$ 相乘，对 G_z 进行积分，得到

$$(\nabla \cdot (z^\beta \nabla \Phi), \Psi)_{L^2(G_z)} = (0, \Psi)_{L^2(G_z)} = 0。$$

根据格林公式和 $\Psi \in \dot{H}_E^1(z^\beta, G_z)$，得到

$$\begin{aligned}
\left(z^\beta \nabla \Phi, \nabla \Psi\right)_{L^2(G_z)} &= \int_{\partial G_z} \left(z^\beta \nabla \Phi\right) \cdot n \cdot \Psi \mathrm{d}S - \int_{G_z} \nabla \cdot \left(z^\beta \nabla \Phi\right) \Psi \mathrm{d}G_z \\
&= \int_{\Omega \times \{z=0\}} \left(z^\beta \nabla \Phi\right) \cdot \left(n_{\text{lower}}\right) \cdot \Psi \mathrm{d}S + \int_{\Omega \times \{z=M\}} \left(z^\beta \nabla \Phi\right) \cdot \left(n_{\text{upper}}\right) \cdot \Psi \mathrm{d}S \\
&\quad + \int_{\partial \Omega \times (0, \infty)} \left(z^\beta \nabla \Phi\right) \cdot \left(n_{\text{left}} + n_{\text{right}}\right) \cdot \Psi \mathrm{d}S \\
&= \lim_{z \to 0^+} \int_\Omega (d_s g) \cdot \mathrm{tr}_\Omega \Psi \mathrm{d}x \\
&= \int_\Omega (d_s g) \cdot \mathrm{tr}_\Omega \Psi \mathrm{d}x,
\end{aligned}$$

可得 $\mathrm{tr}_\Omega \dot{H}_E^1(z^\beta, G_z) = H^s(\Omega)$。

附录 B：

设 u^j 是下面初值问题的近似解，

第 2 章　具有谱分数阶拉普拉斯算子的分数阶扩散的有限元方法

$$\begin{cases} {}_C D_{0,t}^{\alpha} u + Au = f, & x \in \Omega, \ t > 0, \ 0 < \alpha < 1, \\ u|_{t=0} = u_0(x), & x \in \overline{\Omega}, \\ u|_{\partial\Omega} = 0, & t \geqslant 0, \end{cases} \quad (B.1)$$

其中，$A = -\dfrac{\partial^2}{\partial x^2}$。对于给定的 $T > 0$，具有以下数值稳定性。

引理附录 B.1[2]　设（B.1）的近似解是 u^j，则

$$\| u^j \|_{L^2(\Omega)} \leqslant 2 \| u^0 \|_{L^2(\Omega)} + \frac{\sin\pi\alpha}{\pi} \cdot | \Gamma(-\alpha) | \cdot t_j^{\alpha} \cdot \| f \|_{L^2(\Omega)} 。$$

参考文献：

[1] Acosta G, Bersetche M F, Borthagaray P J.Finite element approximations for fractional evolution problems[J].Fractional Calculus and Applied Analysis, 2019, 22（3）: 767-794.

[2] Ford J N, Xiao J, Yan Y.A finite element method for time fractional partial differential equations[J].Fractional Calculus and Applied Analysis, 2011, 14（3）: 454-474.

[3] Benson A D, Wheatcraft W S, Meerschaert M M.Application of a fractional advection - dispersion equation[J].Water Resources Research, 2000, 36（6）: 1403-1412.

[4] Bertoin J.Lévy Processes[M].Cambridge: Cambridge University Press, 1998.

[5] Bonito A, Pasciak E J.Numerical approximation of fractional powers of elliptic operators[J].Mathematics of Computation, 2015, 84（295）: 2083-2110.

[6] Brndle C, Colorado E, Pablo A D, et al.A concave-convex elliptic problem involving the fractional Laplacian[J].Cambridge University Press, 2013, 143（1）: 39-71.

[7] Caffarelli L, Silvestre L.An extension problem related to the fractional laplacian[J]. Communications in Partial Differential Equations, 2007, 32（8）: 1245-1260.

[8] Cabré X, Tan J.Positive solutions of nonlinear problems involving the square root

of the Laplacian[J].Advances in Mathematics, 2010, 224(5): 2052-2093.

[9] Cabré X, Sire Y.Nonlinear equations for fractional Laplacians, I: Regularity, maximum principles, and Hamiltonian estimates[J].Annales de l'Institut Henri Poincaré / Analyse non linéaire, 2014, 31(1): 23-53.

[10] Cabré X, Sire Y.Nonlinear equations for fractional Laplacians II: Existence, uniqueness, and qualitative properties of solutions[J].Transactions of the American Mathematical Society, 2014, 367(2): 911-941.

[11] Capella A, Dávila J, Dupaigne L, et al.Regularity of radial extremal solutions for some non-Local demilinear equations[J].Communications in Partial Differential Equations, 2011, 36(8): 1353-1384.

[12] Óscar C, Luz R, Pablo R S, et al.Nonlocal discrete diffusion equations and the fractional discrete Laplacian, regularity and applications[J].Advances in Mathematics, 2018(330): 688-738.

[13] Diethelm K.Generalized compound quadrature formulae for finite-part integrals[J].Ima Journal of Numerical Analysis, 1997, 17(3): 479-493.

[14] Diethelm K.An algorithm for the numerical solution of diferential equations of fractional order[J].Electronic Transactions on Numerical Analysis, 1997(5): 1-6。

[15] Diethelm K, Ford N, Freed A, et al.Algorithms for the fractional calculus: A selection of numerical methods[J].Computer Methods in Applied Mechanics and Engineering, 2005, 194(6/8): 743-773.

[16] Ford J N, Xiao J, Yan Y.A finite element method for time fractional partial differential equations[J].Fractional Calculus and Applied Analysis, 2011, 14(3): 454-474.

[17] Frank R.L, Lenzmann E.Uniqueness of non-linear ground states for fractional Laplacians in $\mathbb{R}$[J].Acta Mathematica, 2013, 210(2): 261-318.

[18] Hu Y, Li C, Li H.The finite difference method for Caputo-type parabolic equation with fractional Laplacian: One-dimension case[J].Chaos, Solitons and

Fractals: the interdisciplinary journal of Nonlinear Science, and Nonequilibrium and Complex Phenomena, 2017 (102): 319-326.

[19] Hu Y, Li C, Li H.The finite difference method for caputo-type parabolic equation with fractional Laplacian: more than one space dimension[J].International Journal of Computer Mathematics, 2018, 95 (6-7): 1114-1130.

[20] Anh V, Ilic M, Liu F, et al.Numerical approximation of a fractional-in-space diffusion equation (Ⅱ) -with nonhomogeneous boundary conditions[J].Fractional Calculus & Applied Analysis, 2005, 8 (3): 323-341.

[21] Kwaśnicki M.Ten equivalent definitions of the fractional laplace operator[J]. Fractional Calculus and Applied Analysis, 2017, 20 (1): 7-51.

[22] LubichC .Discretized fractional calculus[J].SIAM Journal on Mathematical Analysis, 2006, 17 (3): 704-719.

[23] J.L.Lions, E.Magenes.Non-homogeneous boundary value problems and applications[M].New York: Springer-Verlag, 1972.

[24] Nochetto H R, Otárola E, Salgado J A.A PDE approach to fractional diffusion in general domains: a priori error analysis[J].Foundations of Computational Mathematics, 2015, 15 (3): 733-791.

[25] Nochetto H R, Otárola E, SalgadoJ A.A PDE approach to space-time fractional parabolic problems[J].SIAM Journal on Numerical Analysis, 2016, 54 (2): 848-873.

[26] Nezza D E, Palatucci G, Valdinoci E.Hitchhiker's guide to the fractional Sobolev spaces[J].Bulletin des sciences mathématiques, 2012, 136 (5): 521-573.

[27] I.Podlubny.Fractional differential equations[M].San Diego: Academic Press, 1999.

[28] Silvestre L.Regularity of the obstacle problem for a fractional power of the laplace operator[J].Communications on Pure and Applied Mathematics, 2007, 60 (1): 67-112.

[29] Samko G, Kilbas A A, Marichev O I.Fractional integrals and derivatives[M]. Yverdon: Gordon and Breach Science Publishers, 1993.

[30] Teso F.Finite difference method for a fractional porous medium equation[J]. Calcolo, 2014, 51(4): 615-638.

[31] Vidar T.Galerkin finite element methods for parabolic problems[M].Berlin: Springer-Vverlag, 2007.

第3章 由分数阶积分加性噪声驱动的随机半线性次扩散和超扩散的强逼近

3.1 介绍

在本书中，我们考虑以下由分数阶积分加性噪声驱动的随机半线性次扩散和超扩散的数值方法，其中参数 α 满足 $0<\alpha\leqslant 2$。

$$_C D_{0,t}^{\alpha} u(t) + Au(t) = f(u(t)) + {_0 I_t^{\gamma}} \dot{W}(t), \quad 0<t\leqslant T, \tag{3-1}$$

在给定条件下，其中 $0\leqslant\gamma\leqslant 1$，$A$ 是作用在希尔伯特空间 H 上的一个自伴、正定、不一定有界的算子，其定义域为 $D(A) = H^2(D) \cap H_0^1(D)$。其中，$D \subset \mathbb{R}^d$，$d=1,2,3$ 表示一个一维、二维或三维的有界凸多边形区域。$\dot{W}(t) = \dfrac{dW(t)}{dt}$ 表示白噪声的时间导数（白噪声的定义将在第 3.2 节中给出）。Caputo 时间分数阶导数 $_C D_{0,t}^{\alpha} u$ 阶数为 α 的定义如下[24]。

$$_C D_{0,t}^{\alpha} u(t) = \frac{1}{\Gamma(n-\alpha)} \int_0^t (t-\sigma)^{n-\alpha-1} \frac{\partial^n u(\sigma)}{\partial \sigma^n} d\sigma, \quad n-1<\alpha<n, n\in\mathbb{N},$$

式中，Γ 为伽马函数。符号 $_0 I_t^{\gamma} u$（或 $_{RL} D_{0,t}^{-\gamma} u$）为函数 u 在区间 $[0, t]$ 的 γ 阶上的 Riemann-Liouville 阶分数积分，其定义如下。

$$_0 I_t^{\gamma} u(t) \equiv {_{RL} D_{0,t}^{-\gamma}} u(t) = \frac{1}{\Gamma(\gamma)} \int_0^t (t-\sigma)^{\gamma-1} u(\sigma) d\sigma.$$

注意，如果 $\alpha=1$ 和 $\alpha=2$，则方程式（3-1）分别表示抛物方程和双曲方程。在本书中，我们关注分数阶情况 $0<\alpha<1$ 和 $1<\alpha<2$，其中 Caputo 导数被称为次扩散和超扩散方程。

方程式（3-1）满足以下初始条件：

$$u(0)=u_0, \quad x\in D, \quad 0<\alpha<1,$$
$$u(0)=u_0, \quad \partial_t u(0)=u_1, \quad x\in D, \quad 1<\alpha<2.$$

近年来，由于分数阶随机偏微分方程（SPDEs）在物理、生物、动力学、湍流和量子等领域的应用，引起了人们的极大兴趣[21]。在文献 [10] 中，作者使用术语 $_0I_t^\gamma W(t)$ 来模拟随机效应，即介质中具有记忆性的黏附和捕获效应。根据经典热方程定律，热流的速度是无限的。然而，研究表明，在具有热记忆的材料中[10]，分数阶导数和积分的卷积项意味着过去越近的时刻对现在的影响越大。如果内部能量也依赖于过去的随机效应，则经典的 Wiener（维纳）过程可以用 $_0I_t^\gamma W(t)$ 表示，即分数阶积分的加性噪声。文献 [10] 中针对方程式（3-1）的发散和非发散情况，得到了 L2 理论。Anh 等人[2] 研究了方程式（3-1）的解相对于时间和空间的 Hölder 连续性。Chen[9] 研究了方程式（3-1）在一维半线性问题下的 Hölder 连续性、矩和间歇性。Liu 等人[19] 研究了具有更一般的椭圆算子的方程式（3-1）的存在性和唯一性。有关方程式（3-1）的一些分析结果，读者还可以参考文献 [12，20]。对于方程式（3-1）在工程、物理和生物学中的确定性对应物，我们推荐感兴趣的读者参考文献 [18] 和 [22]。

由于无法解析求解一般方程式（3-1），因此为了求解（3-1），必须考虑数值解法来求解该方程式。针对求解随机抛物方程的数值已经有了许多研究成果，如可以参考 Anh 和 Leonenko[3]、Becker 等人[8]、Kruse[17]、Yan[26-27] 等人的相关研究。此外，分数阶随机系统的数值解法也吸引了许多研究者。例如，有学者利用搭配方法成功求解了一类具有中性滞后或混合滞后的分数阶随机系统，并通过实际的流行病模型验证了该方案的适用性[5，7，13]。然而，针对求解方程式（3-1）的数值方法，文献中却鲜有提及。Jin 等人[14] 研究了线性情况（$f=0$）下方程式（3-1）的数值解法，其中空间变量采用有限元方法进行离散化，时间分数阶导数和黎曼－刘维尔分数积分则采用卷积求积公式进行逼近。误差估计通过半群方法和

第 3 章　由分数阶积分加性噪声驱动的随机半线性次扩散和超扩散的强逼近

拉普拉斯变换方法进行证明。本书将考虑方程式（3-1）的数值逼近。书中将利用谱方法对空间变量进行离散化，利用 Mittag-Leffler 积分器对时间变量进行离散化。在对非线性项 f 和噪声的正则性做出一些适当假设的情况下，严格证明了最优误差估计。据所知，这是首次利用谱方法求解由分数阶积分加性噪声驱动的半线性随机偏微分方程。

本研究的动机源于 Wang 等人最近的研究工作[25]，他们研究了具有加性噪声的抛物型随机偏微分方程（SPDEs）的指数欧拉方法。最近，Kovács 等人[16] 考虑了使用 Mittag-Leffler 欧拉积分器求解随机半线性积分微分方程。在文献 [16，25] 研究的模型问题中，解仅包含一个指数型或 Mittag-Leffler 型解算符。与文献 [16，25] 研究的模型相比，书中研究的模型问题（3-1）更为通用，涉及三种/四种不同的 Mittag-Leffler 解算符（见第 3.2 节中的 $E(t)$，$bE(t)$，$E(t)$，$eE(t)$），这些解算符对应着不同的 α 值范围。

本书的主要贡献如下。

（1）引入了 Mittag-Leffler 积分器，用于求解由分数阶积分加性噪声驱动的随机半线性次扩散和超扩散方程。

（2）证明了针对由分数阶积分加性噪声驱动的随机半线性次扩散和超扩散方程，使用全离散化方法（Mittag-Leffler 积分器进行时间离散化，谱方法进行空间离散化）的强收敛误差估计。

本书后续部分安排如下。

第 3.2 节，将介绍一些预备知识和记号，并分别推导次扩散和超扩散方程的弱解表示。此外，将建立一些 Mittag-Leffler 函数的重要平滑性质。

第 3.3 节，将引入两种用于求解随机半线性次扩散和超扩散的全离散化格式，并证明误差估计。

第 3.4 节，将展示数值模拟结果，以验证数值结果与理论结果的一致性。

为了方便起见，书中用 C 表示某个与所涉及函数和参数无关的正常数，该常数在不同出现处可能取值不同。

3.2 预备知识和记号

3.2.1 维纳过程

设 $H = L_2(D)$ 是一个可分的希尔伯特空间，带有内积 $(\cdot,\cdot)$ 和范数 $\|\cdot\|$。设 $(\Omega, \mathcal{F}, \mathbb{P}, \{\mathcal{F}_t\}_{t\geq 0})$ 是一个过滤概率空间，其中 Bochner 空间 $L_p(\Omega; H) = L_p((\Omega, \mathcal{F}, \mathbb{P}); H)$。用 E 表示按概率测度 P 的期望值。我们首先回溯一个抽象框架，以便更加精确地描述噪声项 W(t)。一个具有协方差算子 $\boldsymbol{Q}$ 的维纳过程 W(t) 可以通过以下基于傅立叶类型的级数来特征化：

$$W(t) = \sum_{k=1}^{\infty} \mu_k^{\frac{1}{2}} \boldsymbol{\phi}_k \beta_k(t), \qquad (3\text{-}2)$$

其中，是希尔伯特空间 H 上的一个有界、线性、自伴、正定的算子，具有无穷多组的特征值和特征函数 $\{(\mu_k, \boldsymbol{\phi}_k)\}_{k=1}^{\infty}$。已知如果 $A = -\Delta$ 表示负的拉普拉斯算子，并配有齐次的狄利克雷边界条件，则有

$$A\boldsymbol{\phi}_k = \lambda_k \boldsymbol{\phi}_k, \quad k \in \mathbb{N},$$

并且 $0 < \lambda_1 \leq \lambda_2 \leq \cdots \leq \lambda_k \leq \cdots$ 和 $\lim_{k\to\infty} \lambda_k = \infty$。特征向量集合 $\{\boldsymbol{\phi}_k\}_{k=1}^{\infty}$ 构成了 H 的一个标准正交基。其中，$\{\beta_k(t)\}_{k=1}^{\infty}$ 是一系列独立同分布的标准布朗运动序列。

令 $\mathcal{L} = \mathcal{L}(H)$ 表示所有在希尔伯特空间 H 上的有界线性算子的空间，而 $\mathcal{L}_2^0 = \mathrm{HS}\left[\boldsymbol{Q}^{\frac{1}{2}}(H), H\right]$ 表示从 $\boldsymbol{Q}^{\frac{1}{2}}(H)$ 到 H 的希尔伯特-施密特（Hilbert-Schmidt）算子空间，即

$$\mathcal{L}_2^0 = \left\{ \boldsymbol{T} \in \mathcal{L}(H) : \sum_{k=1}^{\infty} \left\| \boldsymbol{T}\boldsymbol{Q}^{\frac{1}{2}} \boldsymbol{\phi}_k \right\|^2 < \infty \right\},$$

配备有范数：

$$\|T\|_{\mathcal{L}_2^0}^2 = \sum_{k=1}^{\infty} \left\| TQ^{\frac{1}{2}} \phi_k \right\|^2,$$

我们还需要回顾 Burkholder-Davis-Gundy 不等式[23]，对于 $p \geqslant 2$，

$$\left\| \int_0^t \varphi(\sigma) dW(\sigma) \right\|_{L_p(\Omega; H)} \leqslant C_p \left\| \left(\int_0^t \|\varphi(\sigma)\|_{\mathcal{L}_2^0}^2 d\sigma \right)^{\frac{1}{2}} \right\|_{L_p(\Omega; \mathbb{R})}, \quad (3-3)$$

对于强可测函数 $\varphi: [0, T] \to \mathcal{L}_2^0$。

3.2.2 米塔格-莱弗勒函数

米塔格-莱弗勒型的双参数函数在分数阶微积分中扮演着非常重要的角色。通过使用拉普拉斯变换技术获得了该函数的许多关系式。对于 $\alpha > 0$ 且 $\beta \in \mathbb{R}$，米塔格-莱弗勒函数 $E_{\alpha, \beta}(z)$ 由文献 [15] 定义为

$$E_{\alpha, \beta}(z) = \sum_{k=0}^{\infty} \frac{z^k}{\Gamma(k\alpha + \beta)}, \quad z \in \mathbb{C}.$$

此函数在复平面 $\mathbb{C}$ 中是解析的。从定义可知，$E_{1,1}(z) = e^z$。下面介绍米塔格-莱弗勒函数的几个重要性质。

引理 3.1[15] 设 $0 < \alpha < 2$ 和 $\beta \in \mathbb{R}$ 是任意的，并且 $\frac{\pi\alpha}{2} < \mu < \min(\pi, \alpha\pi)$。则存在一个常数 $C = C(\alpha, \beta, \mu)$ 使得

$$|E_{\alpha, \beta}(z)| \leqslant \begin{cases} C(1+|z|)^{-1}, & \beta - \alpha \notin \mathbb{Z}^- \\ C(1+|z|)^{-2}, & \beta - \alpha \in \mathbb{Z}^- \end{cases}, \mu \leqslant \arg(z) \leqslant \pi, \quad (3-4)$$

式中，符号 $\mathbb{Z}^-$ 表示非正整数集。

关于米塔格-莱弗勒函数的微分公式如下。

引理 3.2[15] 设 $\lambda > 0$，$\alpha \in (0,2)$ 及 $\gamma \in [0,1]$，对于 $t > 0$ 成立，则

$$\frac{d}{dt} E_{\alpha, 1}(-\lambda t^\alpha) = -\lambda t^{\alpha-1} E_{\alpha, \alpha}(-\lambda t^\alpha), \quad (3-5)$$

$$\frac{\mathrm{d}}{\mathrm{d}t} t^{\alpha+\gamma-1} E_{\alpha,\ \alpha+\gamma}(-\lambda t^{\alpha}) = t^{\alpha+\gamma-2} E_{\alpha,\ \alpha+\gamma-1}(-\lambda t^{\alpha}), \quad \alpha+\gamma \neq 1_{\circ} \quad (3\text{-}6)$$

3.2.3 米塔格-莱弗勒函数的平滑性质

利用时间分数阶杜哈梅原理和拉普拉斯变换，我们可以获得式（3-1）的温和解。对于 $0<\alpha<1$，式（3-1）的温和解具有如下形式。

$$u(t) = E(t)u_0 + \int_0^t \bar{E}(t-\sigma) f(u(\sigma)) \mathrm{d}\sigma + \int_0^t E(t-\sigma) \mathrm{d}W(\sigma), \quad \mathbb{P}-\text{a.s.}, \quad (3\text{-}7)$$

其中，

$$E(t) := E_{\alpha,1}(-t^{\alpha} A), \quad (3\text{-}8)$$

$$\bar{E}(t) := t^{\alpha-1} E_{\alpha,\ \alpha}(-t^{\alpha} A), \quad (3\text{-}9)$$

$$E(t) := t^{\alpha+\gamma-1} E_{\alpha,\ \alpha+\gamma}(-t^{\alpha} A)_{\circ} \quad (3\text{-}10)$$

对于任意 $1<\alpha<2$，方程（3-1）的温和解可以写成

$$u(t) = E(t)u_0 + E(t)u_1 + \int_0^t \bar{E}(t-\sigma) f(u(\sigma)) \mathrm{d}\sigma +$$
$$\int_0^t E(t-\sigma) \mathrm{d}W(\sigma), \quad \mathbb{P}-\text{a.s.}, \quad (3\text{-}11)$$

其中，

$$\hat{E}(t) := t E_{\alpha,2}(-t^{\alpha} A). \quad (3\text{-}12)$$

对于任意 $\nu \in \mathbb{R}$，我们引入 $\dot{H}^{\nu}(D) = D\left(A^{\frac{\nu}{2}}\right)$，其范数定义为 $|\nu|_{\nu}^2 = \left\|A^{\frac{\nu}{2}} \nu\right\|^2 = \sum_{k=1}^{\infty} \lambda_k^{\nu} (\nu, \phi_k)^2$，其中，$\{\phi_k\}_{k=1}^{\infty}$ 是 H 中的正交归一基。

当 $\alpha \in (0,1)$ 时，我们总是对分数阶 α 和 γ 做如下假设，这一假设足以确保方程式（3-1）的适定性[10, 14]。

假设 3.1 设 $0<\alpha<1$, $0<\gamma<1$ 且 $\alpha+\gamma>\dfrac{1}{2}$。

根据引理 3.1，一个简单的论证表明算子 $\boldsymbol{E}(t)$ 是有界的。为了量化噪声的正则性，我们通过假设 3.1 引入参数 $\beta\in(0,\kappa]$，其中存在常数 C 使得该性质成立，参见文献 [14] 中的引理 A.1。

$$\left\|A^{\frac{\beta-\kappa}{2}}\right\|_{\mathcal{L}_2^0}=\left\|A^{\frac{\beta-\kappa}{2}}Q^{\frac{1}{2}}\right\|_{\mathrm{HS}}\leqslant C, \tag{3-13}$$

其中，设 $\epsilon>0$ 且很小，并且 $\alpha\in(0,2)$，

$$\kappa=\begin{cases}2, & \dfrac{1}{2}<\gamma<1,\\ 2-\epsilon, & \gamma=\dfrac{1}{2},\\ 2-\dfrac{1-2\gamma}{\alpha}-\epsilon, & 0\leqslant\gamma<\dfrac{1}{2}.\end{cases} \tag{3-14}$$

现在我们考虑算子 $\boldsymbol{E}(t)$，$\hat{\boldsymbol{E}}(t)$，$\bar{\boldsymbol{E}}(t)$ 和 $\boldsymbol{E}(t)$ 的平滑性质。

引理 3.3 存在常数 C，使得对于 $t>0$，则有

$$\|A^s\boldsymbol{E}(t)\|\leqslant Ct^{-\alpha s},\ s\in[0,1], \tag{3-15}$$

$$\|A^s\bar{\boldsymbol{E}}(t)\|\leqslant Ct^{-s\alpha+\alpha-1},\ s\in[0,1], \tag{3-16}$$

$$\|A^s\hat{\boldsymbol{E}}(t)\|\leqslant Ct^{1-\alpha s},\ s\in[0,1], \tag{3-17}$$

$$\|A^s\boldsymbol{E}(t)\|\leqslant Ct^{-s\alpha+\alpha+\gamma-1},\ s\in[0,1], \tag{3-18}$$

$$\|A^{-s}\dot{\boldsymbol{E}}(t)\|\leqslant Ct^{\alpha s-1},\ s\in[0,1], \tag{3-19}$$

$$\|A^{-s}\dot{\bar{\boldsymbol{E}}}(t)\|\leqslant Ct^{\alpha-2},\ s\geqslant 0, \tag{3-20}$$

$$\|A^{-s}\dot{\boldsymbol{E}}(t)\|\leqslant Ct^{\alpha+\gamma-2},\ s\geqslant 0。 \tag{3-21}$$

证明：我们仅证明式（3-16）、式（3-19）和式（3-20），其他不等式可以类似地证明。

根据引理 3.1，有

$$\|A^s \bar{E}(t)v\|^2 = |\bar{E}(t)v|^2_{2s} = |t^{\alpha-1} E_{\alpha,\alpha}(-t^\alpha A)v|^2_{2s}$$

$$= \sum_{j=1}^{\infty} \lambda_j^{2s} t^{2(\alpha-1)} (E_{\alpha,\alpha}(-t^\alpha \lambda_j))^2 (v, \phi_j)^2$$

$$\leq t^{2(\alpha-1)} \sum_{j=1}^{\infty} \frac{(\lambda_j t^\alpha)^{2s}}{t^{2s\alpha}} \frac{1}{(1+\lambda_j t^\alpha)^2} (v, \phi_j)^2$$

$$= t^{2(\alpha-1)-2s\alpha} \sum_{j=1}^{\infty} \frac{(\lambda_j t^\alpha)^{2s}}{(1+\lambda_j t^\alpha)^2} (v, \phi_j)^2 \leq C t^{2(1-s)\alpha-2} \|v\|^2,$$

其中，我们应用了不等式 $\sup\limits_{0 \leq t < \infty} \dfrac{(\lambda_j t^\alpha)^{2s}}{(1+\lambda_j t^\alpha)^2} \leq C, \ s \in [0, 1]$。

对于式（3-19），根据引理 3.2 和式（3-16），则有

$$\|A^{-s} \dot{E}(t)\| = \|A^{-s}(t^{\alpha-1} A) E_{\alpha,\alpha}(-t^\alpha A)\| = \|A^{1-s} \bar{E}(t)\| \leq C t^{-(1-s)\alpha+\alpha-1} = C t^{\alpha s-1}$$

对于式（3-20），我们注意到当 $s > 0$ 时 A^{-s} 是有界的：

$$\|A^{-s} \ddot{E}(t)\| = \|A^{-s} t^{\alpha-2} E_{\alpha,\alpha-1}(-At^\alpha)\| \leq C \sup_{\lambda > 0} \frac{t^{\alpha-2}}{(1+t^\alpha \lambda)^2} \leq C t^{\alpha-2}。$$

这些估计结合在一起完成了引理 3.3 的证明。

备注 3.1 特别地，对于 $\alpha \in (0, 1)$，当 $\alpha \to 1$ 和 $\gamma \to 0$ 时，相应的结论便是热半群的平滑性质，参见文献 [26]。

设 F 是一个由 $F(u)(x) = f(u(x))$ 定义的 Nemytskii 算子，其中 $f: \mathbb{R} \to \mathbb{R}$ 是一个光滑函数，其一阶和二阶导数都是有界的。我们针对非线性项 F 引入如 Kovács 等人在文献 [16] 中所设定的以下假设。

假设 3.2 非线性项 F 满足

$$\|F(u)\| \leqslant L(1+\|u\|), \|F'(u)v\| \leqslant L\|v\|, \quad u, v \in H_{\circ} \tag{3-22}$$

我们还需要以下的 Gronwall 不等式。

引理 3.4[11]　设 $T > 0$, $N \in \mathbb{N}$, $k = \dfrac{T}{N}$, 并且 $t_n = nk$ 对于 $0 \leqslant n \leqslant N$。对 $\zeta_1, \cdots, \zeta_N \geqslant 0$ 满足对于某些 M_0, $M_1 \geqslant 0$ 和 μ, $\nu > 0$ 的不等式：

$$\zeta_n \leqslant M_0(1+t_n^{-1+\mu}) + M_1 k \sum_{j=1}^{n-1} t_{n-j}^{-1+\nu} \zeta_j, \quad 1 \leqslant n \leqslant N,$$

则存在一个常数 $M_2 = M_2(\mu, \nu, M_1, T)$, 使得 $\zeta_n \leqslant M_0 M_2(1+t_n^{-1+\mu})$, $1 \leqslant n \leqslant N_{\circ}$

3.3　解决式（3-1）的全离散化方案

3.3.1　当 $\alpha \in (0, 1)$ 时的随机半线性次扩散情形

我们首先阐述当 $\alpha \in (0, 1)$ 时，式（3-7）的温和解的存在性和唯一性。

引理 3.5　设 $p \geqslant 2$ 且 $\alpha \in (0, 1)$。假设 ν 满足 $\nu \in [0, 2)$ 且 $\beta \in [0, \kappa]$, 同时假设

$$\alpha(2-\nu+\beta-\kappa) + 2\gamma - 1 > 0. \tag{3-23}$$

进一步假设 $\|u_0\|_{L_p(\Omega; \dot{H}^\nu)} \leqslant C$, 并且假设 3.1 和假设 3.2 成立。那么，对于式（3-7）存在一个唯一的温和解 $u \in C([0, T]; L_p(\Omega; \dot{H}^\nu))$。此外，

$$\sup_{t \in [0,T]} \|u(t)\|_{L_p(\Omega; \dot{H}^\nu)} \leqslant C_{\circ} \tag{3-24}$$

证明： 遵循文献 [4] 中的证明方法，可以类似地证明（3-7）的温和解的存在性和唯一性，即

$$\|u(t)\|_{L_p(\Omega; H)} \leqslant C, \quad t \in [0, T], \tag{3-25}$$

这是当 $\nu=0$ 时的式（3-24）形式。

我们接下来考虑温和解 u 的正则性。

$$\|u(t)\|_{L_p(\Omega;\dot{H}^\nu)}=\left\|E(t)u_0+\int_0^t \bar{E}(t-\sigma)F(u(\sigma))\mathrm{d}\sigma+\int_0^t E(t-\sigma)\mathrm{d}W(\sigma)\right\|_{L_p(\Omega;\dot{H}^\nu)}$$

$$\leqslant \|E(t)u_0\|_{L_p(\Omega;\dot{H}^\nu)}+\int_0^t\|\bar{E}(t-\sigma)F(u(\sigma))\|_{L_p(\Omega;\dot{H}^\nu)}\mathrm{d}\sigma$$

$$+\left\|\int_0^t E(t-\sigma)\mathrm{d}W(\sigma)\right\|_{L_p(\Omega;\dot{H}^\nu)}$$

$$\leqslant \|E(t)u_0\|_{L_p(\Omega;\dot{H}^\nu)}+\int_0^t\left\|A^{\frac{\nu}{2}}\bar{E}(t-\sigma)F(u(\sigma))\right\|_{L_p(\Omega;H)}\mathrm{d}\sigma$$

$$+\left\|\int_0^t A^{\frac{\nu}{2}}E(t-\sigma)\mathrm{d}W(\sigma)\right\|_{L_p(\Omega;H)}$$

$$=I+II+III_{\circ}$$

对于 I 的估算是基于对 u_0 的假设及式（3-15）的结论而得出的。

$$I=\|E(t)u_0\|_{L_p(\Omega;\dot{H}^\nu)}\leqslant \|E(t)\|\|u_0\|_{L_p(\Omega;\dot{H}^\nu)}\leqslant C_{\circ}$$

对于 II，利用式（3-16）、式（3-22）和式（3-25），可以得到

$$II=\int_0^t\left\|A^{\frac{\nu}{2}}\bar{E}(t-\sigma)F(u(\sigma))\right\|_{L_p(\Omega;H)}\mathrm{d}\sigma$$

$$\leqslant L\int_0^t\left\|A^{\frac{\nu}{2}}\bar{E}(t-\sigma)\right\|\cdot(1+\|u(\sigma)\|_{L_p(\Omega;H)})\mathrm{d}\sigma$$

$$\leqslant C\int_0^t(t-\sigma)^{(1-\frac{\nu}{2})\alpha-1}\mathrm{d}\sigma\leqslant C_{\circ}$$

其中，积分是有限的，因为 $\nu<2$。

现在我们估算 III。利用式（3-3）、式（3-13）和式（3-18），可以得到

$$III = \left\| \int_0^t A^{\frac{\nu}{2}} E(t-\sigma) \mathrm{d}W(\sigma) \right\|_{L_p(\Omega; H)} \leqslant C \left\| \left(\int_0^t \left\| A^{\frac{\nu}{2}} E(t-\sigma) \right\|_{L_2^0}^2 \mathrm{d}\sigma \right)^{\frac{1}{2}} \right\|_{L_p(\Omega; \mathbb{R})}$$

$$= C \left\| \left(\int_0^t \left\| A^{\frac{\nu}{2}} E(t-\sigma) Q^{\frac{1}{2}} \right\|_{\mathrm{HS}}^2 \mathrm{d}\sigma \right)^{\frac{1}{2}} \right\|_{L_p(\Omega; \mathbb{R})} \leqslant C \left\| A^{\frac{\beta-\kappa}{2}} Q^{\frac{1}{2}} \right\|_{\mathrm{HS}} \cdot \left(\int_0^t \left\| A^{\frac{(\nu-\beta)+\kappa}{2}} E(t-\sigma) \right\|^2 \mathrm{d}\sigma \right)^{\frac{1}{2}}$$

$$\leqslant C \cdot \left[\int_0^t (t-\sigma)^{\alpha(2-\nu+\beta-\kappa)+2(\gamma-1)} \mathrm{d}\sigma \right]^{\frac{1}{2}} \leqslant C_\circ$$

其中，积分是有限的，因为 $\alpha(2-\nu+\beta-\kappa)+2\gamma-1>0$。这些估算一起完成了引理 3.5 的证明。

我们现在介绍一种用于解决 $\alpha \in (0,1)$ 时方程（3-1）的全离散化方案。我们采用谱伽辽金方法进行空间离散化，并使用米塔格-莱弗勒积分器进行时间离散化。

设 $0 < t_0 < t_1 < \cdots < t_M = T$ 是时间区间 $[0, T]$ 的均匀划分，其中时间步长 $\Delta t = t_{m+1} - t_m$，$m = 0, 1, \cdots, M-1$。然后，通过对方程式（3-7）的变分形式的应用，可以得到

$$u(t_m) = E(t_m)u_0 + \int_0^{t_m} \bar{E}(t_m - \sigma) F(u(\sigma)) \mathrm{d}\sigma + \int_0^{t_m} E(t_m - \sigma) \mathrm{d}W(\sigma)$$

$$= E(t_m)u_0 + \sum_{j=0}^{m-1} \int_{t_j}^{t_{j+1}} \bar{E}(t_m - \sigma) F(u(\sigma)) \mathrm{d}\sigma + \int_0^{t_m} E(t_m - \sigma) \mathrm{d}W(\sigma)_\circ \quad (3-26)$$

遵循指数积分器的思想，我们定义了数值格式，其中 $U_0 = u_0$，

$$U_m = E(t_m)u_0 + \sum_{j=0}^{m-1} \int_{t_j}^{t_{j+1}} \bar{E}(t_m - \sigma) F(U_j) \mathrm{d}\sigma + \int_0^{t_m} E(t_m - \sigma) \mathrm{d}W(\sigma)_\circ \quad (3-27)$$

对于空间离散化，我们通过 $H_N = \mathrm{span}\{\phi_1, \phi_2, \cdots, \phi_N\}$ 来定义 H 的有限维子空间，其中 $\{\phi_k\}_{k=1}^\infty$ 是算子 A 的特征向量。我们定义投影算子

$$P_N: H \to H_N, \quad P_N v = \sum_{k=1}^{N} (v, \phi_k)\phi_k, \quad v \in H_\circ \tag{3-28}$$

我们也定义算子

$$A_N: H_N \to H_N, \quad A_N = AP_N, \tag{3-29}$$

该算子在 H_N 中生成了一族预解算子族 $\{E_N(t)\}_{t\geq 0}, \{\bar{E}_N(t)\}_{t\geq 0}$ 及 $\{\mathcal{E}_N(t)\}_{t\geq 0}$。已知

$$E_N(t)P_N = E(t)P_N, \quad \bar{E}_N(t)P_N = \bar{E}(t)P_N, \mathcal{E}_N(t)P_N = \mathcal{E}(t)P_N, \tag{3-30}$$

$$\|A^{-\delta}(I - P_N)\| = \sup_{k \geq N+1} \lambda_k^{-\delta} = \lambda_{N+1}^{-\delta}, \quad \delta > 0_\circ \tag{3-31}$$

因此，引理 3.3 中的平滑性质也适用于 E_N，且所涉及的常数与 N 无关。

因而，基于时间近似对（3-1）的全离散逼近由下式给出：

$$\begin{aligned} U_m^N = &E_N(t_m)P_N u_0 + \sum_{j=0}^{m-1}\int_{t_j}^{t_{j+1}} \bar{E}_N(t_m - \sigma)\mathrm{d}\sigma\left[P_N F(U_j^N)\right] + \\ &\int_0^{t_m} \mathcal{E}_N(t_m - \sigma)P_N \mathrm{d}W(\sigma)_\circ \end{aligned} \tag{3-32}$$

带初始值 $U_0^N = P_N u_0$。现在，我们陈述并证明主要定理，该定理展示了强收敛误差估计的速率。

定理 3.1 假设引理 3.1 中的假设成立。令 κ 和 v 分别由式（3-14）和式（3-23）定义。设 $\alpha > 1/2$ 且 $\gamma > 1/2$。假设 $v \in (0, 1)$，且存在 $\delta \in [1, \kappa)$ 和 $\eta \in [1, \kappa)$ 满足 $\kappa > 1$，使得

$$\|F'(u)v\|_\delta \leq L(1 + \|u\|_v)\|v\|_v, \quad u \in \dot{H}^v, \quad v \in \dot{H}^{-v}, \tag{3-33}$$

$$\|F''(u)(v_1, v_2)\|_\eta \leq L\|v_1\|\|v_2\|, \quad v_1, v_2 \in H_\circ \tag{3-34}$$

则存在常数 C 使得

$$\sup_{t_m \in [0, T]} \|u(t_m) - U_m^N\|_{L_2(\Omega; H)} \leq C\left(\lambda_{N+1}^{-\frac{v}{2}} + \Delta t^{\alpha v}\right)_\circ$$

证明：从式（3-26）减去式（3-32），得到

$$u(t_m) - U_m^N = E(t_m)u_0 - E_N(t_m)P_N u_0 + \sum_{j=0}^{m-1}\int_{t_j}^{t_{j+1}}(\bar{E}(t_m-\sigma)F(u(\sigma))$$
$$-\bar{E}_N(t_m-\sigma)P_N F(U_j^N))\mathrm{d}\sigma + \int_0^{t_m}\left[E(t_m-\sigma)-E_N(t_m-\sigma)P_N\right]\mathrm{d}W(\sigma)。$$

利用式（3-30）并取范数，得到

$$\left\|u(t_m)-U_m^N\right\|_{L_2(\Omega;H)} \leq \left\|E(t_m)(I-P_N)u_0\right\|_{L_2(\Omega;H)}$$
$$+\left\|\int_0^{t_m}\bar{E}(t_m-\sigma)(I-P_N)F(u(\sigma))\mathrm{d}\sigma\right\|_{L_2(\Omega;H)}$$
$$+\left\|\int_0^{t_m}E(t_m-\sigma)(I-P_N)\mathrm{d}W(\sigma)\right\|_{L_2(\Omega;H)}$$
$$+\left\|\sum_{j=0}^{m-1}\int_{t_j}^{t_{j+1}}\bar{E}(t_m-\sigma)P_N\left[F(u(\sigma))-F(U_j^N)\right]\mathrm{d}\sigma\right\|_{L_2(\Omega;H)}$$
$$= I_1 + I_2 + I_3 + I_4。$$

其中，我们注意到 I_1、I_2 和 I_3 分别对应于空间离散化误差，而 I_4 对应于时间误差。

对 I_1 的估算是根据式（3-15）和式（3-31）的结果得出的，即

$$I_1 = \|E(t_m)(I-P_N)u_0\|_{L_2(\Omega;H)} = \|E(t_m)A^{-\frac{\nu}{2}}(I-P_N)A^{\frac{\nu}{2}}u_0\|_{L_2(\Omega;H)}$$
$$\leq C\|E(t_m)\|\cdot\left\|A^{-\frac{\nu}{2}}(I-P_N)A^{\frac{\nu}{2}}u_0\right\|_{L_2(\Omega;H)} \leq C\lambda_{N+1}^{-\frac{\nu}{2}}\cdot\left\|A^{\frac{\nu}{2}}u_0\right\|_{L_2(\Omega;H)}$$
$$= C\lambda_{N+1}^{-\frac{\nu}{2}}\cdot\|u_0\|_{L_2(\Omega;\dot{H}^\nu)} = C\lambda_{N+1}^{-\frac{\nu}{2}}。$$

对于 I_2，利用式（3-16）、式（3-22）和式（3-31），由于 $\nu \in (0,1)$，则有

$$I_2 = \left\|\int_0^{t_m}\bar{E}(t_m-\sigma)(I-P_N)F(u(\sigma))\mathrm{d}\sigma\right\|_{L_2(\Omega;H)}$$
$$\leq C\int_0^{t_m}\|A^\nu\bar{E}(t_m-\sigma)\|\cdot\|A^{-\nu}(I-P_N)\|_{L_2(\Omega;H)}\cdot\|F(u(\sigma))\|_{L_2(\Omega;H)}\mathrm{d}\sigma$$
$$\leq C\int_0^{t_m}(t_m-\sigma)^{(1-\nu)\alpha-1}\lambda_{N+1}^{-\nu}\left[1+\|u(\sigma)\|_{L_2(\Omega;H)}\right]\mathrm{d}\sigma \leq C\lambda_{N+1}^{-\nu}。$$

现在我们估算 I_3。利用伊藤同构（Itô 异色），当在式（3-3）和式（3-18）中 $p=2$ 时，则有

$$\begin{aligned}
I_3 &= \left\| \int_0^{t_m} E(t_m - \sigma)(I - P_N) dW(\sigma) \right\|_{L_2(\Omega; H)} \\
&= \left\| \left[\int_0^{t_m} \left\| E(t_m - \sigma)(I - P_N) Q^{\frac{1}{2}} \right\|_{HS}^2 d\sigma \right]^{\frac{1}{2}} \right\|_{L_2(\Omega; \mathbb{R})} \\
&\leq \left\| A^{\frac{\beta-\kappa}{2}} Q^{\frac{1}{2}} \right\|_{HS} \cdot \left\| A^{-\frac{\nu}{2}}(I - P_N) \right\| \cdot \left\| \int_0^{t_m} \left\| A^{\frac{\nu-\beta+\kappa}{2}} E(t_m - \sigma) \right\|_{HS}^2 d\sigma \right\|_{L_2(\Omega; \mathbb{R})} \\
&\leq C \lambda_{N+1}^{-\frac{\nu}{2}} \int_0^{t_m} E(t_m - \sigma)^{\alpha(2-\nu+\beta-\kappa)+2(\gamma-1)} d\sigma \leq C \lambda_{N+1}^{-\frac{\nu}{2}},
\end{aligned}$$

式中，积分是有限的，因为 $\alpha(2-\nu+\beta-\kappa)+2\gamma-1 > 0$。

现在估算 I_4。

$$\begin{aligned}
I_4 &= \left\| \sum_{j=0}^{m-1} \int_{t_j}^{t_{j+1}} \bar{E}(t_m - \sigma) \left[P_N F(u(\sigma)) - P_N F(U_j^N) \right] d\sigma \right\|_{L_2(\Omega; H)} \\
&= \left\| \sum_{j=0}^{m-1} \int_{t_j}^{t_{j+1}} \bar{E}(t_m - \sigma) P_N \left[F(u(\sigma)) - F(U_j^N) \right] d\sigma \right\|_{L_2(\Omega; H)}
\end{aligned}$$

为了说明 $F(u(\sigma))$ 和 $F(U_j^N)$ 之间的关系，我们采用泰勒展开式

$$F(u(\sigma)) = F(u(t_j)) + F'(u(t_j))(u(\sigma) - u(t_j)) + R_{F,j}(\sigma),$$

其中，

$$R_{F,j}(\sigma) = \int_0^1 F''\left(u(t_j) + \theta[u(\sigma) - u(t_j)]\right) \cdot [u(\sigma) - u(t_j), u(\sigma) - u(t_j)] \cdot (1-\theta) d\theta.$$

因此

$$\begin{aligned}
I_4 = \Big\| \sum_{j=0}^{m-1} \int_{t_j}^{t_{j+1}} \bar{E}(t_m - \sigma) P_N (F(u(t_j)) + F'(u(t_j))[u(\sigma) - u(t_j)] \\
+ R_{F,j}(\sigma) - F(U_j^N)) d\sigma \Big\|_{L_2(\Omega; H)}
\end{aligned}$$

第3章 由分数阶积分加性噪声驱动的随机半线性次扩散和超扩散的强逼近

$$\leqslant \|\sum_{j=0}^{m-1}\int_{t_j}^{t_{j+1}}\bar{E}(t_m-\sigma)P_N\left[F(u(t_j))-F(U_j^N)\right]\mathrm{d}\sigma\|_{L_2(\Omega;H)}$$

$$+\|\sum_{j=0}^{m-1}\int_{t_j}^{t_{j+1}}\bar{E}(t_m-\sigma)P_NF'(u(t_j))\left[u(\sigma)-u(t_j)\right]\mathrm{d}\sigma\|_{L_2(\Omega;H)}$$

$$+\|\sum_{j=0}^{m-1}\int_{t_j}^{t_{j+1}}\bar{E}(t_m-\sigma)P_N R_{F,j}(\sigma)\mathrm{d}\sigma\|_{L_2(\Omega;H)}$$

$$= I_{4,1}+I_{4,2}+I_{4,3}\circ$$

接下来估算 $I_{4,1}$，利用式（3-16）和式（3-22），得到

$$I_{4,1}=\left\|\sum_{j=0}^{m-1}\int_{t_j}^{t_{j+1}}\bar{E}(t_m-\sigma)P_N\left[F(u(t_j))-F(U_j^N)\right]\mathrm{d}\sigma\right\|_{L_2(\Omega;H)}$$

$$\leqslant C\sum_{j=0}^{m-1}\int_{t_j}^{t_{j+1}}\left\|\bar{E}(t_m-\sigma)P\right\|\left\|F(u(t_j))-F(U_j^N)\right\|_{L_2(\Omega;H)}\mathrm{d}\sigma$$

$$\leqslant C\sum_{j=0}^{m-1}\int_{t_j}^{t_{j+1}}(t_m-\sigma)^{\alpha-1}\left\|u(t_j)-U_j^N\right\|_{L_2(\Omega;H)}\mathrm{d}\sigma\circ$$

为了估算 $I_{4,2}$，注意到

$$u(\sigma)=E(\sigma)u_0+\int_0^\sigma\bar{E}(\sigma-\tau)F(u(\tau))\mathrm{d}\tau+\int_0^\sigma E(\sigma-\tau)\mathrm{d}W(\tau),$$

和

$$u(t_j)=E(t_j)u_0+\int_0^{t_j}\bar{E}(t_j-\tau)F(u(\tau))\mathrm{d}\tau+\int_0^{t_j}E(t_j-\tau)\mathrm{d}W(\tau),$$

因此，当 $\sigma\in[t_j, t_{j+1}]$ 时，得到

$$I_{4,2}=\left\|\sum_{j=0}^{m-1}\int_{t_j}^{t_{j+1}}\bar{E}(t_m-\sigma)P_N F'(u(t_j))\left[u(\sigma)-u(t_j)\right]\mathrm{d}\sigma\right\|_{L_2(\Omega;H)}$$

$$=\left\|\sum_{j=0}^{m-1}\int_{t_j}^{t_{j+1}}\bar{E}(t_m-\sigma)P_N F'(u(t_j))\left[E(\sigma)-E(t_j)\right]u_0\mathrm{d}\sigma\right\|_{L_2(\Omega;H)}+$$

$$\left\|\sum_{j=0}^{m-1}\int_{t_j}^{t_{j+1}}\bar{E}(t_m-\sigma)P_N F'(u(t_j))\int_{t_j}^\sigma\bar{E}(\sigma-\tau)F(u(\tau))\mathrm{d}\tau\mathrm{d}\sigma\right\|_{L_2(\Omega;H)}+$$

$$\left\|\sum_{j=0}^{m-1}\int_{t_j}^{t_{j+1}}\bar{E}(t_m-\sigma)P_N F'(u(t_j))\int_0^{t_j}\left[\bar{E}(\sigma-\tau)-\bar{E}(t_j-\tau)\right]F(u(\tau))\mathrm{d}\tau\mathrm{d}\sigma\right\|_{L_2(\Omega;H)}+$$

$$\left\| \sum_{j=0}^{m-1} \int_{t_j}^{t_{j+1}} \overline{E}(t_m - \sigma) P_N F'(u(t_j)) \int_{t_j}^{\sigma} E(\sigma - \tau) \mathrm{d}W(\tau) \mathrm{d}\sigma \right\|_{L_2(\Omega; H)} +$$

$$\left\| \sum_{j=0}^{m-1} \int_{t_j}^{t_{j+1}} \overline{E}(t_m - \sigma) P_N F'(u(t_j)) \int_0^{t_j} \left[E(\sigma - \tau) - E(t_j - \tau) \right] \mathrm{d}W(\tau) \mathrm{d}\sigma \right\|_{L_2(\Omega; H)}$$

$$= I_{4,2,1} + I_{4,2,2} + I_{4,2,3} + I_{4,2,4} + I_{4,2,5} \circ$$

对于 $I_{4,2,1}$,根据式(3-16),则有

$$I_{4,2,1} = \left\| \sum_{j=0}^{m-1} \int_{t_j}^{t_{j+1}} \overline{E}(t_m - \sigma) P_N F_1^-(u(t_j)) \left[E(\sigma) - E(t_j) \right] u_0 \mathrm{d}\sigma \right\|_{L_2(\Omega; H)}$$

$$\leqslant \sum_{j=0}^{m-1} \int_{t_j}^{t_{j+1}} \left\| A^{\frac{\delta}{2}} \overline{E}(t_m - \sigma) A^{-\frac{\delta}{2}} F_1^-(u(t_j)) \left[E(\sigma) - E(t_j) \right] u_0 \right\|_{L_2(\Omega; H)} \mathrm{d}\sigma$$

$$= \sum_{j=0}^{m-1} \int_{t_j}^{t_{j+1}} \left\| A^{\frac{\delta}{2}} \overline{E}(t_m - \sigma) \right\| \left\| A^{-\frac{\delta}{2}} F_1^-(u(t_j)) \int_{t_j}^{\sigma} \dot{E}(\tau) u_0 \mathrm{d}\tau \right\|_{L_2(\Omega; H)} \mathrm{d}\sigma$$

$$\leqslant C \sum_{j=0}^{m-1} \int_{t_j}^{t_{j+1}} (t_m - \sigma)^{(1-\frac{\delta}{2})\alpha - 1} \left\| F_1^-(u(t_j)) \int_{t_j}^{\sigma} \dot{E}(\tau) u_0 \mathrm{d}\tau \right\|_{L_2(\Omega; \dot{H}^{-\delta})} \mathrm{d}\sigma$$

$$= C \sum_{j=0}^{m-1} \int_{t_j}^{t_{j+1}} (t_m - \sigma)^{(1-\frac{\delta}{2})\alpha - 1} \left\{ \int_{\Omega} \left\| F_1^-(u(t_j)) \int_{t_j}^{\sigma} \dot{E}(\tau) u_0 \mathrm{d}\tau \right\|_{\dot{H}^{-\delta}}^2 P \right\}^{\frac{1}{2}} \mathrm{d}\sigma,$$

利用式(3-43),我们得到

$$I_{4,2,1} \leqslant C \sum_{j=0}^{m-1} \int_{t_j}^{t_{j+1}} (t_m - \sigma)^{(1-\frac{\delta}{2})\alpha - 1} \left\{ \int_{\Omega} \left[1 + \| u(t_j) \|_{V} \right]^2 \cdot \left\| \int_{t_j}^{\sigma} \dot{E}(\tau) u_0 \mathrm{d}\tau \right\|_{-\nu}^2 \mathrm{d}\mathbb{P} \right\}^{\frac{1}{2}} \mathrm{d}\sigma$$

$$\leqslant C \sum_{j=0}^{m-1} \int_{t_j}^{t_{j+1}} (t_m - \sigma)^{(1-\frac{\delta}{2})\alpha - 1} \left\{ \left\| \left[1 + \| u(t_j) \|_{V} \right]^2 \right\|_{L_2(\Omega; \mathbb{R})} \cdot \left\| \left\| \int_{t_j}^{\sigma} \dot{E}(\tau) u_0 \mathrm{d}\tau \right\|_{-\nu}^2 \right\|_{L_2(\Omega; \mathbb{R})} \right\}^{\frac{1}{2}} \mathrm{d}\sigma$$

$$= C \sum_{j=0}^{m-1} \int_{t_j}^{t_{j+1}} (t_m - \sigma)^{(1-\frac{\delta}{2})\alpha - 1} \left\{ \int_{\Omega} \left[1 + \| u(t_j) \|_{V} \right]^4 \mathrm{d}\mathbb{P} \right\}^{\frac{1}{4}} \left[\int_{\Omega} \left\| \int_{t_j}^{\sigma} \dot{E}(\tau) u_0 \mathrm{d}\tau \right\|_{-\nu}^4 \mathrm{d}\mathbb{P} \right]^{\frac{1}{4}} \mathrm{d}\sigma$$

$$= C \sum_{j=0}^{m-1} \int_{t_j}^{t_{j+1}} (t_m - \sigma)^{(1-\frac{\delta}{2})\alpha - 1} \left\| 1 + \| u(t_j) \|_{V} \right\|_{L_4(\Omega; \mathbb{R})} \cdot \left\| \left\| \int_{t_j}^{\sigma} \dot{E}(\tau) u_0 \mathrm{d}\tau \right\|_{-\nu} \right\|_{L_4(\Omega; \mathbb{R})} \mathrm{d}\sigma$$

$$\leqslant C \sum_{j=0}^{m-1} \int_{t_j}^{t_{j+1}} (t_m - \sigma)^{(1-\frac{\delta}{2})\alpha - 1} \left[1 + \| u(t_j) \|_{L_4(\Omega; \dot{H}^{\nu})} \right] \cdot \left\| \left\| \int_{t_j}^{\sigma} \dot{E}(\tau) u_0 \mathrm{d}\tau \right\|_{-\nu} \right\|_{L_4(\Omega; \mathbb{R})} \mathrm{d}\sigma$$

根据式（3-24），则有

$$I_{4,2,1} \leq C\sum_{j=0}^{m-1}\int_{t_j}^{t_{j+1}}(t_m-\sigma)^{\left(1-\frac{\delta}{2}\right)\alpha-1}\left\|\int_{t_j}^{\sigma}\|\dot{E}(\tau)u_0\|_{-\nu}d\tau\right\|_{L_4(\Omega;\mathbb{R})}d\sigma$$

$$=C\sum_{j=0}^{m-1}\int_{t_j}^{t_{j+1}}(t_m-\sigma)^{\left(1-\frac{\delta}{2}\right)\alpha-1}\left\|\int_{t_j}^{\sigma}\left\|A^{\frac{-\nu}{2}}\dot{E}(\tau)u_0\right\|d\tau\right\|_{L_4(\Omega;\mathbb{R})}d\sigma$$

$$=C\sum_{j=0}^{m-1}\int_{t_j}^{t_{j+1}}(t_m-\sigma)^{\left(1-\frac{\delta}{2}\right)\alpha-1}\left\|\int_{t_j}^{\sigma}\left\|A^{-\nu}\dot{E}(\tau)A^{\frac{\nu}{2}}u_0\right\|d\tau\right\|_{L_4(\Omega;\mathbb{R})}d\sigma.$$

利用式（3-19）且 $\sigma\in[t_j, t_{j+1}]$，得到

$$I_{4,2,1} \leq C\sum_{j=0}^{m-1}\int_{t_j}^{t_{j+1}}(t_m-\sigma)^{\left(1-\frac{\delta}{2}\right)\alpha-1}\left\|\int_{t_j}^{\sigma}\left\|A^{-\nu}\dot{E}(\tau)A^{\frac{\nu}{2}}u_0\right\|d\tau\right\|_{L_4(\Omega;\mathbb{R})}d\sigma$$

$$=C\|u_0\|_{L_4(\Omega;\dot{H}^\nu)}\sum_{j=0}^{m-1}\int_{t_j}^{t_{j+1}}(t_m-\sigma)^{\left(1-\frac{\delta}{2}\right)\alpha-1}\int_{t_j}^{\sigma}\|A^{-\nu}\dot{E}(\tau)\|d\tau d\sigma$$

$$\leq C\sum_{j=0}^{m-1}\int_{t_j}^{t_{j+1}}(t_m-\sigma)^{\left(1-\frac{\delta}{2}\right)\alpha-1}\int_{t_j}^{\sigma}\|A^{-\nu}\dot{E}(\tau)\|d\tau d\sigma$$

$$\leq C\sum_{j=0}^{m-1}\int_{t_j}^{t_{j+1}}(t_m-\sigma)^{\left(1-\frac{\delta}{2}\right)\alpha-1}\int_{t_j}^{\sigma}\tau^{\alpha\nu-1}d\tau d\sigma$$

$$\leq \frac{C}{\alpha\nu}\sum_{j=0}^{m-1}\int_{t_j}^{t_{j+1}}(t_m-\sigma)^{\left(1-\frac{\delta}{2}\right)\alpha-1}(t_{j+1}^{\alpha\nu}-t_j^{\alpha\nu})d\sigma \leq C\Delta t^{\alpha\nu},$$

其中，$\sum_{j=0}^{m-1}\int_{t_j}^{t_{j+1}}(t_m-\sigma)^{\left(1-\frac{\delta}{2}\right)\alpha-1}d\sigma = \frac{1}{\left(1-\frac{\delta}{2}\right)\alpha}(t_m-t_0)^{\left(1-\frac{\delta}{2}\right)\alpha}\leq C$，对于某个 $\delta\in[1,\kappa)$。

在最后一个不等式中，我们利用了事实 $(a+b)^{\alpha\nu}\leq 2^{\alpha\nu-1}(a^{\alpha\nu}+b^{\alpha\nu})$。

对于 $I_{4,2,2}$，利用式（3-16）、式（3-22）和式（3-24），得到

$$I_{4,2,2} = \left\|\sum_{j=0}^{m-1}\int_{t_j}^{t_{j+1}}\bar{E}(t_m-\sigma)P_N F'(u(t_j))\int_{t_j}^{\sigma}\bar{E}(\sigma-\tau)F(u(\tau))d\tau d\sigma\right\|_{L_2(\Omega;H)}$$

$$\leq C\sum_{j=0}^{m-1}\int_{t_j}^{t_{j+1}}\|\bar{E}(t_m-\sigma)\|\left\|F'(u(t_j))\int_{t_j}^{\sigma}\bar{E}(\sigma-\tau)F(u(\tau))d\tau\right\|_{L_2(\Omega;H)}d\sigma$$

$$\leq C\sum_{j=0}^{m-1}\int_{t_j}^{t_{j+1}}(t_m-\sigma)^{\alpha-1}\int_{t_j}^{\sigma}\|\bar{E}(\sigma-\tau)F(u(\tau))\|_{L_2(\Omega;H)}d\tau d\sigma$$

$$\leqslant C\sum_{j=0}^{m-1}\int_{t_j}^{t_{j+1}}(t_m-\sigma)^{\alpha-1}\int_{t_j}^{\sigma}\|\bar{E}(\sigma-\tau)\|\cdot\|F(u(\tau))\|_{L_2(\Omega;H)}\mathrm{d}\tau\mathrm{d}\sigma$$

$$\leqslant C\sum_{j=0}^{m-1}\int_{t_j}^{t_{j+1}}(t_m-\sigma)^{\alpha-1}\int_{t_j}^{\sigma}(\sigma-\tau)^{\alpha-1}\Big[1+\|u(\tau)\|_{L_2(\Omega;H)}\Big]\mathrm{d}\tau\mathrm{d}\sigma\leqslant C\Delta t^{\alpha},$$

式中，$\sum_{j=0}^{m-1}\int_{t_j}^{t_{j+1}}(t_m-\sigma)^{\alpha-1}\mathrm{d}\sigma=\frac{1}{\alpha}(t_m-t_0)^{\alpha}\leqslant C;\ \sigma\in[t_j,\ t_{j+1}]$。

对于 $I_{4,2,3}$，利用式（3-16）式（3-20）和式（3-43），得到

$$I_{4,2,3}=\|\sum_{j=0}^{m-1}\int_{t_j}^{t_{j+1}}\bar{E}(t_m-\sigma)P_N F'(u(t_j))\int_0^{t_j}(\bar{E}(\sigma-\tau)-\bar{E}(t_j-\tau))F(u(\tau))\mathrm{d}\tau\mathrm{d}\sigma\|_{L_2(\Omega;H)}$$

$$\leqslant C\sum_{j=0}^{m-1}\int_{t_j}^{t_{j+1}}\|A^{\frac{\delta}{2}}\bar{E}(t_m-\sigma)\|$$

$$\|A^{\frac{-\delta}{2}}F'(u(t_j))\int_0^{t_j}(\bar{E}(\sigma-\tau)-\bar{E}(t_j-\tau))F(u(\tau))\mathrm{d}\tau\|_{L_2(\Omega;H)}\mathrm{d}\sigma$$

$$=C\sum_{j=0}^{m-1}\int_{t_j}^{t_{j+1}}(t_m-\sigma)^{(1-\frac{\delta}{2})\alpha-1}\|$$

$$\|F'(u(t_j))\int_0^{t_j}(\bar{E}(\sigma-\tau)-\bar{E}(t_j-\tau))F(u(\tau))\mathrm{d}\tau\|_{\delta}\|_{L_2(\Omega;H)}\mathrm{d}\sigma$$

$$\leqslant C\sum_{j=0}^{m-1}\int_{t_j}^{t_{j+1}}(t_m-\sigma)^{(1-\frac{\delta}{2})\alpha-1}$$

$$\|(1+\|u(t_j)\|_{\nu})\|\int_0^{t_j}\int_{t_j}^{\sigma}\dot{\bar{E}}(\theta-\tau)\mathrm{d}\theta F(u(\tau))\mathrm{d}\tau\|_{\nu}\|_{L_2(\Omega;H)}\mathrm{d}\sigma$$

$$\leqslant C\sum_{j=0}^{m-1}\int_{t_j}^{t_{j+1}}(t_m-\sigma)^{(1-\frac{\delta}{2})\alpha-1}\|\|\int_0^{t_j}\int_{t_j}^{\sigma}\dot{\bar{E}}(\theta-\tau)\mathrm{d}\theta F(u(\tau))\mathrm{d}\tau\|_{\nu}\|_{L_4(\Omega;H)}\mathrm{d}\sigma$$

$$\leqslant C\sum_{j=0}^{m-1}\int_{t_j}^{t_{j+1}}(t_m-\sigma)^{(1-\frac{\delta}{2})\alpha-1}\|\|\int_0^{t_j}\int_{t_j}^{\sigma}A^{\frac{\nu}{2}}\dot{\bar{E}}(\theta-\tau)\mathrm{d}\theta F(u(\tau))\mathrm{d}\tau\|\|_{L_4(\Omega;H)}\mathrm{d}\sigma$$

$$\leqslant C\sum_{j=0}^{m-1}\int_{t_j}^{t_{j+1}}(t_m-\sigma)^{(1-\frac{\delta}{2})\alpha-1}\|\int_0^{t_j}\int_{t_j}^{\sigma}(\theta-\tau)^{\alpha-2}\mathrm{d}\theta\|F(u(\tau))\|\mathrm{d}\tau\|_{L_4(\Omega;H)}\mathrm{d}\sigma$$

$$\leqslant C\sum_{j=0}^{m-1}\int_{t_j}^{t_{j+1}}(t_m-\sigma)^{(1-\frac{\delta}{2})\alpha-1}\int_0^{t_j}\int_{t_j}^{\sigma}(\theta-\tau)^{\alpha-2}\mathrm{d}\theta(1+\|u(\tau)\|_{L_4(\Omega;H)})\mathrm{d}\tau\mathrm{d}\sigma。$$

因此得到

$$I_{4,2,3}\leqslant C\sum_{j=0}^{m-1}\int_{t_j}^{t_{j+1}}(t_m-\sigma)^{(1-\frac{\delta}{2})\alpha-1}\int_0^{t_j}\int_{t_j}^{\sigma}(\theta-\tau)^{\alpha-2}\mathrm{d}\theta\mathrm{d}\tau\mathrm{d}\sigma。$$

第3章　由分数阶积分加性噪声驱动的随机半线性次扩散和超扩散的强逼近

注意到

$$\int_0^{t_j}\int_{t_j}^{\sigma}(\theta-\tau)^{\alpha-2}\mathrm{d}\theta\mathrm{d}\tau = \int_{t_j}^{\sigma}\int_0^{t_j}(\theta-\tau)^{\alpha-2}\mathrm{d}\tau\mathrm{d}\theta$$

$$= \frac{1}{1-\alpha}\int_{t_j}^{\sigma}\Big[(\theta-t_j)^{\alpha-1}-\theta^{\alpha-1}\Big]\mathrm{d}\theta$$

$$\leqslant \frac{1}{1-\alpha}\int_{t_j}^{\sigma}(\theta-t_j)^{\alpha-1}\mathrm{d}\theta \leqslant \frac{1}{\alpha(1-\alpha)}(\sigma-t_j)^{\alpha},$$

利用 $\sigma\in[t_j,\ t_{j+1}]$ 及 $\sum_{j=0}^{m-1}\int_{t_j}^{t_{j+1}}(t_m-\sigma)^{\left(1-\frac{\delta}{2}\right)\alpha-1}\mathrm{d}\sigma = \frac{1}{\left(1-\frac{\delta}{2}\right)\alpha}(t_m-t_0)^{\left(1-\frac{\delta}{2}\right)\alpha}\leqslant C$，对于某个 $\delta\in[1,\ \kappa)$，得到

$$I_{4,2,3}\leqslant C\Delta t^{\alpha}。$$

对于 $I_{4,2,4}$，利用式（3-3）、式（3-13）、式（3-18）和式（3-22），得到

$$I_{4,2,4} = \left\|\sum_{j=0}^{m-1}\int_{t_j}^{t_{j+1}}\bar{E}(t_m-\sigma)P_N F'(u(t_j))\int_{t_j}^{\sigma}E(\sigma-\tau)\mathrm{d}W(\tau)\mathrm{d}\sigma\right\|_{L_2(\Omega;H)}$$

$$= \left[\mathbb{E}\left\|\sum_{j=0}^{m-1}\int_{t_j}^{t_{j+1}}\int_{t_j}^{\sigma}\bar{E}(t_m-\sigma)P_N F'(u(t_j))E(\sigma-\tau)\mathrm{d}W(\tau)\mathrm{d}\sigma\right\|_H^2\right]^{\frac{1}{2}}。$$

利用独立过程的期望值为零这一事实，以及柯西-施瓦茨不等式，得到

$$\mathbb{E}\left\|\sum_{j=0}^{m-1}\int_{t_j}^{t_{j+1}}\int_{t_j}^{\sigma}\bar{E}(t_m-\sigma)P_N F'(u(t_j))E(\sigma-\tau)\mathrm{d}W(\tau)\mathrm{d}\sigma\right\|_H^2$$

$$= \sum_{j=0}^{m-1}\mathbb{E}\left[\int_{t_j}^{t_{j+1}}\left\|\int_{t_j}^{\sigma}\bar{E}(t_m-\sigma)P_N F'(u(t_j))E(\sigma-\tau)\mathrm{d}W(\tau)\right\|_H \mathrm{d}\sigma\right]^2$$

$$\leqslant \Delta t\sum_{j=0}^{m-1}\int_{t_j}^{t_{j+1}}\mathbb{E}\left\|\int_{t_j}^{\sigma}\bar{E}(t_m-\sigma)P_N F'(u(t_j))E(\sigma-\tau)\mathrm{d}W(\tau)\right\|_H^2\mathrm{d}\sigma$$

$$= \Delta t\sum_{j=0}^{m-1}\int_{t_j}^{t_{j+1}}\left\|\int_{t_j}^{\sigma}\bar{E}(t_m-\sigma)P_N F'(u(t_j))E(\sigma-\tau)\mathrm{d}W(\tau)\right\|_{L_2(\Omega;H)}^2\mathrm{d}\sigma$$

$$= \Delta t \sum_{j=0}^{m-1} \int_{t_j}^{t_{j+1}} \left\| \left\{ \int_{t_j}^{\sigma} \left\| \overline{E}(t_m - \sigma) P_N F'(u(t_j)) E(\sigma - \tau) Q^{\frac{1}{2}} \right\|_{HS}^2 d\tau \right\}^{\frac{1}{2}} \right\|_{L_2(\Omega; \mathbb{R})}^2 d\sigma$$

$$\leq C\Delta t \sum_{j=0}^{m-1} \int_{t_j}^{t_{j+1}} \mathbb{E} \left(\int_{t_j}^{\sigma} \left\| \overline{E}(t_m - \sigma) F'(u(t_j)) E(\sigma - \tau) Q^{\frac{1}{2}} \right\|_{HS}^2 d\tau \right) d\sigma_\circ$$

利用式（3-16）和式（3-22），得到

$$\mathbb{E} \left\| \sum_{j=0}^{m-1} \int_{t_j}^{t_{j+1}} \int_{t_j}^{\sigma} \overline{E}(t_m - \sigma) P_N F'(u(t_j)) E(\sigma - \tau) dW(\tau) d\sigma \right\|_H^2$$

$$\leq C\Delta t \left\| A^{\frac{\beta-\kappa}{2}} Q^{\frac{1}{2}} \right\|_{HS}^2 \sum_{j=0}^{m-1} \int_{t_j}^{t_{j+1}} \int_{t_j}^{\sigma} \left\| \overline{E}(t_m - \sigma) \right\|^2 \left\| A^{\frac{\kappa-\beta}{2}} E(\sigma - \tau) \right\|^2 d\tau d\sigma$$

$$\leq C\Delta t \sum_{j=0}^{m-1} \int_{t_j}^{t_{j+1}} (t_m - \sigma)^{2\alpha-2} \int_{t_j}^{\sigma} \left\| A^{\frac{\kappa-\beta}{2}} E(\sigma - \tau) \right\|^2 d\tau d\sigma$$

$$\leq C\Delta t \sum_{j=0}^{m-1} \int_{t_j}^{t_{j+1}} (t_m - \sigma)^{2\alpha-2} \int_{t_j}^{\sigma} (\sigma - \tau)^{(2-\kappa+\beta)\alpha+2\gamma-2} d\tau d\sigma$$

$$\leq C\Delta t^{(2-\kappa+\beta)\alpha+2\gamma},$$

对于 $\alpha > \frac{1}{2}$，并且 $\sigma \in [t_j, t_{j+1}]$，其中

$$\sum_{j=0}^{m-1} \int_{t_j}^{t_{j+1}} (t_m - \sigma)^{2\alpha-2} d\sigma = \frac{1}{2\alpha - 1}(t_m - t_0)^{2\alpha-1} \leq C$$

因此，$I_{4,2,4}$ 估算为

$$I_{4,2,4} \leq C\Delta t^{\frac{(2-\kappa+\beta)\alpha+2\gamma}{2}}_\circ \quad (3\text{-}35)$$

其中，条件 $\frac{(2-\kappa+\beta)\alpha+2\gamma}{2} > \alpha\nu$ 源自于不等式 $(2-\kappa+\beta-\nu)+2\gamma-1 > 0$ 成立。

对于 $I_{4,2,5}$，根据式（3-16）、式（3-21）和式（3-43），得到

第 3 章 由分数阶积分加性噪声驱动的随机半线性次扩散和超扩散的强逼近

$$
\begin{aligned}
I_{4,2,5} &= \left\| \sum_{j=0}^{m-1} \int_{t_j}^{t_{j+1}} \bar{E}(t_m - \sigma) P_N F'[u(t_j)] \int_0^{t_j} [\tilde{E}(\sigma - \tau) - \tilde{E}(t_j - \tau)] \mathrm{d}W(\tau) \mathrm{d}\sigma \right\|_{L_2(\Omega; H)} \\
&= \sum_{j=0}^{m-1} \int_{t_j}^{t_{j+1}} \left\| A^{\frac{\eta}{2}} \bar{E}(t_m - \sigma) \right\| \left\| F'(u(t_j)) \int_0^{t_j} [\tilde{E}(\sigma - \tau) - \tilde{E}(t_j - \tau)] \mathrm{d}W(\tau) \right\|_{-\eta, L_2(\Omega; H)} \mathrm{d}\sigma \\
&\leqslant \sum_{j=0}^{m-1} \int_{t_j}^{t_{j+1}} (t_m - \sigma)^{\left(1 - \frac{\eta}{2}\right)\alpha - 1} \left\| F'[u(t_j)] \int_0^{t_j} [\tilde{E}(\sigma - \tau) - \tilde{E}(t_j - \tau)] \mathrm{d}W(\tau) \right\|_{-\eta, L_2(\Omega; H)} \mathrm{d}\sigma \\
&\leqslant \sum_{j=0}^{m-1} \int_{t_j}^{t_{j+1}} (t_m - \sigma)^{\left(1 - \frac{\eta}{2}\right)\alpha - 1} \left[1 + \|u(t_j)\|_{L_4(\Omega; \dot{H}^\nu)} \right] \left\| \int_0^{t_j} \int_{t_j}^{\sigma} \tilde{E}(\theta - \tau) \mathrm{d}\theta \mathrm{d}W(\tau) \right\|_{L_4(\Omega; \dot{H}^{-\nu})} \mathrm{d}\sigma \\
&\leqslant \sum_{j=0}^{m-1} \int_{t_j}^{t_{j+1}} (t_m - \sigma)^{\left(1 - \frac{\eta}{2}\right)\alpha - 1} \left\| \int_0^{t_j} \int_{t_j}^{\sigma} A^{\frac{-\nu}{2}} \tilde{E}(\theta - \tau) \mathrm{d}\theta \mathrm{d}W(\tau) \right\|_{L_4(\Omega; H)} \mathrm{d}\sigma \\
&\leqslant \sum_{j=0}^{m-1} \int_{t_j}^{t_{j+1}} (t_m - \sigma)^{\left(1 - \frac{\eta}{2}\right)\alpha - 1} \left\| \left[\int_0^{t_j} \left\| \int_{t_j}^{\sigma} A^{\frac{-\nu}{2}} \tilde{E}(\theta - \tau) \mathrm{d}\theta Q^{\frac{1}{2}} \right\|_{HS}^2 \mathrm{d}\tau \right]^{\frac{1}{2}} \right\|_{L_4(\Omega; \mathbb{R})} \mathrm{d}\sigma \\
&\leqslant C \left\| A^{\frac{\beta - \kappa}{2}} Q^{\frac{1}{2}} \right\|_{HS} \sum_{j=0}^{m-1} \int_{t_j}^{t_{j+1}} (t_m - \sigma)^{\left(1 - \frac{\eta}{2}\right)\alpha - 1} \left\| \left[\int_0^{t_j} \left\| \int_{t_j}^{\sigma} A^{\frac{\kappa - \beta - \nu}{2}} \tilde{E}(\theta - \tau) \mathrm{d}\theta \right\|^2 \mathrm{d}\tau \right]^{\frac{1}{2}} \right\|_{L_4(\Omega; \mathbb{R})} \mathrm{d}\sigma \\
&\leqslant C \sum_{j=0}^{m-1} \int_{t_j}^{t_{j+1}} (t_m - \sigma)^{\left(1 + \frac{\eta}{2}\right)\alpha - 1} \left\| \left[\int_0^{t_j} \left\| \int_{t_j}^{\sigma} A^{\frac{\kappa - \beta - \nu}{2}} \tilde{E}(\theta - \tau) \mathrm{d}\theta \right\|^2 \mathrm{d}\tau \right]^{\frac{1}{2}} \right\|_{L_4(\Omega; \mathbb{R})} \mathrm{d}\sigma_\circ
\end{aligned}
$$

注意 $\beta \in [0, \kappa]$。对于固定的 $\nu \in (0, \beta)$,我们可以选择 β 足够接近 κ,以至于 $\kappa - \beta - \nu < 0$,这进而意味着 $\left\| A^{\frac{\kappa - \beta - \nu}{2}} \right\|$ 是有界的。当 $\gamma > \frac{1}{2}$ 时,

$$\int_0^{t_j}\left\|\int_{t_j}^{\sigma}A^{\frac{\kappa-\beta-\nu}{2}}E(\theta-\tau)\mathrm{d}\theta\right\|^2\mathrm{d}\tau \leq C\int_0^{t_j}\left[\int_{t_j}^{\sigma}(\theta-\tau)^{\alpha+\gamma-2}\mathrm{d}\theta\right]^2\mathrm{d}\tau$$

$$\leq C\int_0^{t_j}\left[(\sigma-\tau)^{\alpha}(\sigma-\tau)^{\gamma-1}-(t_j-\tau)^{\alpha}(t_j-\tau)^{\gamma-1}\right]^2\mathrm{d}\tau$$

$$\leq C\int_0^{t_j}\left[(\sigma-\tau)^{\alpha}(t_j-\tau)^{\gamma-1}-(t_j-\tau)^{\alpha}(t_j-\tau)^{\gamma-1}\right]^2\mathrm{d}\tau$$

$$\leq C\int_0^{t_j}(t_j-\tau)^{2\gamma-2}\left[(\sigma-\tau)^{\alpha}-(t_j-\tau)^{\alpha}\right]^2\mathrm{d}\tau \leq C\Delta t^{2\alpha},$$

因此，得出估算

$$I_{4,2,5} \leq C\Delta t^{\alpha}. \tag{3-36}$$

最后估计 $I_{4,3}$，得到

$$I_{4,3} = \left\|\sum_{j=0}^{m-1}\int_{t_j}^{t_{j+1}}\bar{E}(t_m-\sigma)P_N R_{F,j}(\sigma)\mathrm{d}\sigma\right\|_{L_2(\Omega;H)}$$

$$= \sum_{j=0}^{m-1}\int_{t_j}^{t_{j+1}}\left\|A^{\frac{\eta}{2}}\bar{E}(t_m-\sigma)A^{-\frac{\eta}{2}}R_{F,j}(\sigma)\right\|_{L_2(\Omega;H)}\mathrm{d}\sigma$$

$$= \sum_{j=0}^{m-1}\int_{t_j}^{t_{j+1}}\left\|A^{\frac{\eta}{2}}\bar{E}(t_m-\sigma)\right\|\left\|A^{-\frac{\eta}{2}}\int_0^1 F''\{u(t_j)+\gamma[u(\sigma)-u(t_j)]\}\right.$$
$$\left.\cdot((1-\gamma)(u(\sigma)-u(t_j)),(1-\gamma)[u(\sigma)-u(t_j)]\right\|_{L_2(\Omega;H)}\mathrm{d}\sigma.$$

通过式（3-16）和式（3-44），得到

$$I_{4,3} \leq C\sum_{j=0}^{m-1}\int_{t_j}^{t_{j+1}}(t_m-\sigma)^{\left(1-\frac{\eta}{2}\right)\alpha-1}\left\|u(\sigma)-u(t_j)\right\|^2_{L_4(\Omega;H)}\mathrm{d}\sigma.$$

借鉴文献[1，Proposition 3.2]类似的处理方法，并应用解算子的不同平滑性质，得到

$$\left\|u(\sigma)-u(t_j)\right\|_{L_4(\Omega;H)} \leq C(\sigma-t_j)^{\frac{\alpha\nu}{2}},$$

得出估算

$$I_{4,3} \leq C\Delta t^{\alpha\nu}. \tag{3-37}$$

结合上述估算并利用 $\alpha(2-\nu+\beta-\kappa)+2\gamma-1>0$,得到

$$\left\|u(t_m)-U_m^N\right\|_{L_2(\Omega;H)} \leq C\left(\Delta t^{\alpha\nu}+\lambda_{N+1}^{-\frac{\nu}{2}}\right)+C\sum_{j=0}^{m-1}\int_{t_j}^{t_{j+1}}(t_m-\sigma)^{\alpha-1}\left\|u(t_j)-U_j^N\right\|_{L_2(\Omega;H)}\mathrm{d}\sigma.$$

利用引理 3.4 中的 Gronwall 不等式,我们完成了定理 3.2 的证明。

备注 3.2 在定理 3.1 中,由于对式(3-35)和式(3-36)的估算,我们必须假设 $\alpha>1/2$ 且 $\gamma>1/2$。目前尚不清楚我们是否可以解除这些限制。

3.3.2 当 $\alpha\in(1,2)$ 时的随机半线性超扩散情形

在本小节中,我们将考虑解决 $\alpha\in(1,2)$ 时方程(3-1)的数值方法。首先,我们需要给出式(3-11)温和解的存在性和唯一性。

引理 3.6 设 $p\geq 2$ 且 $\alpha\in(1,2)$。假设 ν 满足 $\nu\in[0,2/\alpha]$ 且 $\beta\in[0,\kappa]$,且

$$\alpha(2-\nu+\beta-\kappa)+2\gamma-1>0, \tag{3-38}$$

进一步假设 $\|u_0\|_{L_p(\Omega;\dot{H}^\nu)}\leq C$,并且假设 2.1 与假设 2.2 成立。那么,对于(3-7)存在一个唯一的温和解 $u\in C([0,T];L_p(\Omega;\dot{H}^\nu))$。此外,

$$\sup_{t\in[0,T]}\|u(t)\|_{L_p(\Omega;\dot{H}^\nu)}\leq C_\circ \tag{3-39}$$

证明:因为

$$\|u(t)\|_{L_p(\Omega;\dot{H}^\nu)} \leq \|E(t)u_0\|_{L_p(\Omega;\dot{H}^\nu)}+\|\hat{E}(t)u_1\|_{L_p(\Omega;\dot{H}^\nu)}+\int_0^t\left\|A^{\frac{\nu}{2}}\bar{E}(t-\sigma)F(u(\sigma))\right\|_{L_p(\Omega;H)}\mathrm{d}\sigma$$

$$+\left\|\int_0^t A^{\frac{\nu}{2}}E(t-\sigma)\mathrm{d}W(\sigma)\right\|_{L_p(\Omega;H)},$$

这个表达式可以像在引理 3.3 的证明中那样进行估算,除了需要额外处理 $\|\hat{E}(t)u_1\|_{L_p(\Omega;\dot{H}^\nu)}$。

对于 $\|\hat{E}(t)u_1\|_{L_p(\Omega;\dot{H}^\nu)}$，鉴于 $\alpha\nu<2$ 并利用式（3-17），得到

$$\|\hat{E}(t)u_1\|_{L_p(\Omega;\dot{H}^\nu)}=\left\|A^{\frac{\nu}{2}}\hat{E}(t)u_1\right\|_{L_p(\Omega;H)}\leq Ct^{1-\frac{\alpha\nu}{2}}\|u_1\|_{L_p(\Omega;H)}\leq C_\circ$$

将这些估算综合起来，就完成了引理 3.6 的证明。

我们现在引入求解式（3-1）中 $\alpha\in(1,2)$ 情况的全离散格式。对于式（3-1）中 $\alpha\in(1,2)$ 的情况，其解可以具有以下形式：

$$\begin{aligned}u(t_m)=&E(t_m)u_0+\hat{E}(t_m)u_1+\sum_{j=0}^{m-1}\int_{t_j}^{t_{j+1}}\bar{E}(t_m-\sigma)F[u(\sigma)]\mathrm{d}\sigma\\&+\int_0^{t_m}E(t_m-\sigma)\mathrm{d}W(\sigma)_\circ\end{aligned}\qquad（3-40）$$

然后，我们定义了以下用于求解具有 $\alpha\in(1,2)$ 的方程式（3-1）的 Mittag-Leffler 积分器，其中 $U_0=u_0$，

$$\begin{aligned}U_m=&E(t_m)u_0+\hat{E}(t_m)u_1+\sum_{j=0}^{m-1}\int_{t_j}^{t_{j+1}}\bar{E}(t_m-\sigma)F(U_j)\mathrm{d}\sigma\\&+\int_0^{t_m}E(t_m-\sigma)\mathrm{d}W(\sigma)_\circ\end{aligned}\qquad（3-41）$$

通过投影算子 P_N，我们定义 $\hat{E}_N(t)P_N=\hat{E}(t)P_N$。基于时间近似式（3-41），全离散格式给出如下，其中 $U_0^N=P_Nu_0$，

$$\begin{aligned}U_m^N=&E_N(t_m)P_Nu_0+\hat{E}_N(t_m)P_Nu_1+\sum_{j=0}^{m-1}\int_{t_j}^{t_{j+1}}\bar{E}_N(t_m-\sigma)\mathrm{d}\sigma P_NF(U_j^N)\\&+\int_0^{t_m}E_N(t_m-\sigma)P_N\mathrm{d}W(\sigma)_\circ\end{aligned}\qquad（3-42）$$

沿着证明定理 3.1 相同的思路，我们可以证明以下误差估计。

定理 3.2 设引理 3.6 中的条件成立。令 κ 和 ν 分别在式（3-14）与式（3-38）中定义。设 $\gamma>1/2$。进一步假设 $\nu\in(0,1)$ 并且存在 $\delta\in[1,\kappa)$ 及 $\eta\in[1,\kappa)$，其中 $\kappa>1$，使得

$$\|F'(u)v\|_{-\delta}\leq L(1+\|u\|_\nu)\|v\|_\nu,\quad u\in\dot{H}^\nu,\ v\in\dot{H}^{-\nu}, \qquad（3-43）$$

$$\|F''(u)(v_1,v_2)\|_{-\eta} \leq L\|v_1\|\|v_2\|, \quad v_1,v_2 \in H_\circ \qquad (3\text{-}44)$$

则存在常数 C 使得

$$\sup_{t_m \in [0,T]} \|u(t_m) - U_m^N\|_{L_2(\Omega;H)} \leq C\left(\lambda_{N+1}^{-\frac{\nu}{2}} + \Delta t^{\alpha\nu}\right)_\circ$$

备注 3.2 在定理 3.2 中,由于类似于定理 3.1 中式(3-36)项的估计,我们不得不假设 $\gamma > 1/2$。目前尚不清楚我们能否去除这些限制。

3.4 数值模拟

本节进行了一些数值实验以验证之前的理论发现。我们给出了两个数值例子来说明在定理 3.1 中 $\alpha \in (0,1)$ 情况下获得的理论结果,并确认了 $\alpha \in (1,2)$ 情况下定理 3.2 提出的收敛率。由于本书的主要特点是时间近似,我们仅展示时间上的收敛阶数。

我们选择 $T = 0.1$, $D = (0,1)$ 及 $F(u) = \sin(u)$。我们通过具有小时间步长 $\Delta t = 2^{-10}$ 和空间步长 $\Delta x = 2^{-10}$ 的全离散解来近似精确解。理论上的收敛阶是 $\alpha\nu$ 对于 $\nu \in (0,1)$,这几乎就是 α。为了说明全离散方法对式(3-32)的计算机实现,我们假设协方差算子 Q 与 A 具有相同的特征函数,因此 $Qv = \sum_{k=1}^{\infty} \mu_k(v,\phi_k)\phi_k$。由基函数 $\{\phi_1,\phi_2,\cdots,\phi_N\}$ 张成的空间中,式(3-1)的谱方法是在每个时间步 $m=1,\cdots,M$ 时寻找,使得

$$\sum_{k=1}^{N}[u(t_m),\phi_k]\phi_k = \sum_{k=1}^{N} E(t)(u_0,\phi_k)\phi_k + \sum_{k=1}^{N}\int_0^{t_m}\bar{E}(t-\sigma)F[u(\sigma),\phi_k]\phi_k\,d\sigma$$
$$+ \sum_{k=1}^{N}\int_0^{t_m} E(t-\sigma)\mu_k^{\frac{1}{2}}\phi_k\,d\beta_k(\sigma)_\circ$$

由(32)定义的近似解 U_m^k 表示为 $U_m^k = \sum_{k=1}^{N} U_{m,k}^N \phi_k$,并且

$$U_{m,k}^{N} = E_{\alpha,1}(-t_m^\alpha \lambda_k)u_{0,k} + \sum_{j=0}^{m-1} \int_{t_j}^{t_{j+1}} (t_m-\sigma)^{\alpha-1} E_{\alpha,\alpha}\left[-(t_m-\sigma)^\alpha \lambda_k\right] d\sigma \cdot F_k\left[u(t_j)\right]$$

$$+ \sum_{j=0}^{m-1} \left\{ \int_{t_j}^{t_{j+1}} \left\{ (t_m-\sigma)^{\alpha+\gamma-1} E_{\alpha,\alpha+\gamma}\left[-(t_m-\sigma)^\alpha \lambda_k\right]\right\}^2 d\sigma \right\}^{\frac{1}{2}} \cdot \mu_k^{\frac{1}{2}} \xi_{m,k},$$

其中，$u_{0,k}=(u_0, \phi_k)$，$\lambda_k = k^2\pi^2$，$F_k(\cdot)=(F(\cdot)\phi_k)$ 和 $\xi_{m,k}$ 对于 $m=1,\cdots,M$ 和 $k=1,\cdots,N$ 是独立的标准正态分布随机变量。类似地，通过这种方式，我们可以在 $\alpha\in(1,2)$ 的情况下得到随机半线性超扩散情形的近似解，只是多了 $\hat{E}(t)u_1$ 这一项。

在我们的实验中，我们想观察定理 3.1 和定理 3.2 中的误差估计如何依赖于 Δt。为此，我们选择固定的小空间步长 Δx 和一系列适度的时间步长序列 $\Delta t_i = 2^{-i}$，$i=2,\cdots,5$。我们考虑 $M=100$ 次模拟。

对于每次模拟 ω_j，$j=1,2,\cdots,M$，我们生成 N_h 个独立的布朗运动 $\beta_l(t)$，$l=1,2,\cdots,N_h$。我们固定初始数据 $u_0=1$，并定义非线性算子 $F(u)=\sin(u)$。如表 3-4-1 所示，我们考虑不同的参数 α 和 γ，观察到数值结果确实与定理 3.2 的理论结果一致。在相同实验条件下，如表 3-4-2 所示，显示了 $\alpha\in(1,2)$ 时的 $L_2(\Omega;H)$ 误差及其收敛阶数，数值实例支持了定理 3.2 的理论发现。可以发现，由于 α 和 γ 的范围较小，数值略有变动。所有实验均在配置为 Intel（R）Core（TM）i5-10210U 处理器，1.60GHz CPU，8.00GB RAM 的电脑上使用 Matlab 2014a 完成，大约在 63h 内完成所有样本计算。

表 3-4-1 当 α 属于（0，1）区间时，在空间 $L_2(\Omega;H)$ 中的误差及其收敛速度

γ	α	$\Delta t = \frac{1}{4}$	$\Delta t = \frac{1}{8}$	$\Delta t = \frac{1}{16}$	$\Delta t = \frac{1}{32}$	rates
0.6	0.6	6.6535×10^{-3}	6.0641×10^{-3}	5.0159×10^{-3}	3.1932×10^{-3}	0.651 475
	0.7	4.6462×10^{-3}	4.0031×10^{-3}	3.0683×10^{-3}	1.7773×10^{-3}	0.787 698
	0.8	2.7462×10^{-3}	2.1701×10^{-3}	1.5489×10^{-3}	0.8218×10^{-3}	0.914 369
0.7	0.6	6.6532×10^{-3}	6.0639×10^{-3}	5.0158×10^{-3}	3.1932×10^{-3}	0.651 461
	0.7	4.6460×10^{-3}	4.0030×10^{-3}	3.0683×10^{-3}	1.7774×10^{-3}	0.787 689
	0.8	2.7465×10^{-3}	2.1703×10^{-3}	1.5490×10^{-3}	0.8219×10^{-3}	0.914 375

第3章 由分数阶积分加性噪声驱动的随机半线性次扩散和超扩散的强逼近

续表

γ	α	$\Delta t = \frac{1}{4}$	$\Delta t = \frac{1}{8}$	$\Delta t = \frac{1}{16}$	$\Delta t = \frac{1}{32}$	rates
0.8	0.6	6.6531×10^{-3}	6.0638×10^{-3}	5.0158×10^{-3}	3.1932×10^{-3}	0.651 456
	0.7	4.6461×10^{-3}	4.0030×10^{-3}	3.0683×10^{-3}	1.7774×10^{-3}	0.787 687
	0.8	2.7463×10^{-3}	2.1702×10^{-3}	1.5490×10^{-3}	0.8218×10^{-3}	0.914 360

表 3-4-2 当 α 属于 (1, 2) 区间时,在空间 $L_2(\Omega; H)$ 中的误差及其收敛阶数

γ	α	$\Delta t = \frac{1}{4}$	$\Delta t = \frac{1}{8}$	$\Delta t = \frac{1}{16}$	$\Delta t = \frac{1}{32}$	rates
0.6	1.1	3.2664×10^{-3}	2.3112×10^{-3}	1.4688×10^{-3}	7.0244×10^{-4}	1.064 208
	1.3	2.0711×10^{-3}	1.1905×10^{-3}	6.1398×10^{-3}	2.4199×10^{-4}	1.343 246
	1.5	5.1846×10^{-3}	2.4924×10^{-3}	1.1053×10^{-3}	3.8188×10^{-4}	1.533 290
0.7	1.1	3.2655×10^{-3}	2.3107×10^{-3}	1.4688×10^{-3}	7.0244×10^{-4}	1.064 182
	1.3	2.0708×10^{-3}	1.1904×10^{-3}	6.1393×10^{-3}	2.4197×10^{-4}	1.343 221
	1.5	5.1840×10^{-3}	2.4923×10^{-3}	1.1052×10^{-3}	3.8186×10^{-4}	1.533 271
0.8	1.1	3.2656×10^{-3}	2.3108×10^{-3}	1.4689×10^{-3}	7.0245×10^{-4}	1.064 183
	1.3	2.0707×10^{-3}	1.1903×10^{-3}	6.1390×10^{-3}	2.4196×10^{-4}	1.343 207
	1.5	5.1836×10^{-3}	2.4922×10^{-3}	1.1052×10^{-3}	3.8186×10^{-4}	1.521 596

如图 3-4-1 所示,我们展示了当 α 趋近于 1 且 γ 趋近于 0 时的实验收敛阶数,对应的结论是标准热方程的收敛阶数。

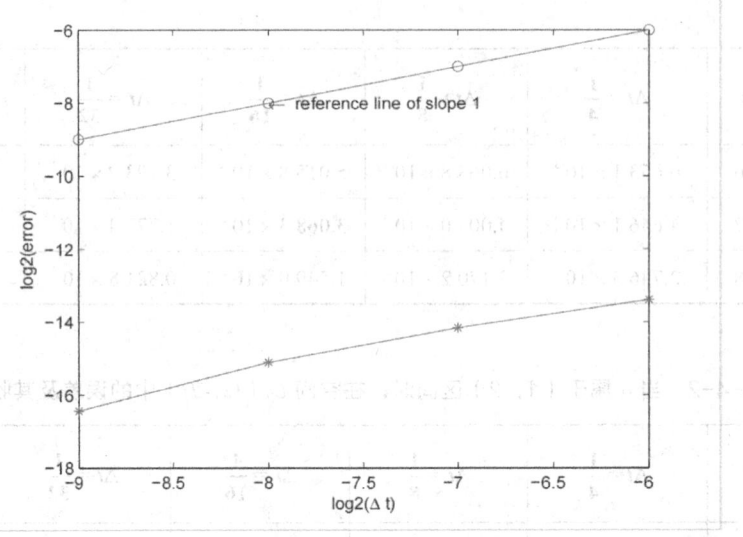

图 3-4-1　随着 α 趋近于 1，γ 趋近于 0 时，在空间 $L_2(\Omega;H)$ 中的收敛阶数

3.5　结论与未来展望

在本章中，我们开发了一种用于求解由分数阶积分加性噪声驱动的随机半线性次扩散和超扩散方程的数值方法，并考虑了解的存在性、唯一性和正则性。时间离散化基于 Mittag-Leffler 积分器，空间离散化基于谱方法。我们还展示了一些数值例子来支持理论分析。下一步，我们可以将分数阶积分加性噪声驱动的随机分数阶系统模型纳入考虑，以更有效地获得所需结果。

参考文献：

[1] Andersson A，Kovács M，Larsson S. Weak error analysis for semilinear stochastic volterra equations with additive noise[J]. Journal of Mathematical Analysis and Applications，2016，437（2）：1283-1304.

[2] Anh V V，Leonenko N N，Ruiz-Medina D M. Space-time fractional stochastic equations on regular bounded open domains[J]. Fractional Calculus and Applied Analysis，2016，19（5）：1161-1199.

第 3 章　由分数阶积分加性噪声驱动的随机半线性次扩散和超扩散的强逼近

[3]Anh V V，Leonenko N N.Spectral Analysis of fractional kinetic equations with random data[J].Journal of Statistical Physics，2001，104（5-6）：1349-1387.

[4]Baeumer B，Geissert M，Kovács M.Existence，uniqueness and regularity for a class of semilinear stochastic Volterra equations with multiplicative noise[J].Journal of Differential Equations，2015，258（2）：535-554.

[5]Banihashemi S，Jafari H，Babaei A.A stable collocation approach to solve a neutral delay stochastic differential equation of fractional order[J].Journal of Computational and Applied Mathematics，2022（403）：403.

[6]Banihashemi S，Jafari H，Babaei A.An efficient computational scheme to solve a class of fractional stochastic systems with mixed delays[J].Communications in nonlinear science and numerical simulation，2022（Aug）：111.

[7]Banihashemi S，Babaei A，Jafaria H.A novel collocation approach to solve a nonlinear stochastic differential equation of fractional order involving a constant delay[J].Discrete and Continuous Dynamical Systems-S，2022，15（2）：339-357.

[8]Becker S，Jentzen A，Kloeden E P.An exponential wagner--platen type scheme for SPDEs[J].SIAM Journal on Numerical Analysis，2016，54（4）：2389-2426.

[9]Chen L.Nonlinear stochastic time-fractional dffusion equations on $\mathbb{R}$：moments，Hölder regularity and intermittency[J].Trans.Amer.Math.Soc，2017（369）：8497-8535.

[10]Chen Z，Kim K，Kim P.Fractional time stochastic partial differential equations[J].Stochastic Processes and their Applications，2015，125（4）：1470-1499.

[11]Elliott C M，Larsson S.Error estimates with smooth and nonsmooth data for a finite element method for the Cahn-Hilliard equation[J].Math.Comp，1992（58）：603-630.

[12]Foondun M.Remarks on a fractional-time stochastic equation[J].Proceedings of the American Mathematical Society，2019（1）：1.

[13]Lingyun H，Seddigheh B，Hossein J，et al.Numerical treatment of a

fractional order system of nonlinear stochastic delay differential equations using a computational scheme[J].Chaos, Solitons and Fractals: the interdisciplinary journal of Nonlinear Science, and Nonequilibrium and Complex Phenomena, 2021（149）: 111018.

[14]Jin B, Yan Y, Zhou Z.Numerical approximation of stochastic time-fractional diffusion[J].ESAIM: Mathematical Modelling and Numerical Analysis, 2019, 53（4）: 1245-1268.

[15]Kilbas A A, Srivastava H M, Trujillo J J.Theory and applications of fractional differential equations[M].Amsterdam: Elsevier Science, 2006.

[16]Kovács M, Larsson S, Saedpanah F.Mittag-leffler euler integrator for a stochastic fractional order equation with additive noise[J].SIAM Journal on Numerical Analysis, 2020, 58（1）: 66-85.

[17]Kruse R.Optimal error estimates of galerkin finite element methods for stochastic partial differential equations with multiplicative noise[J].IMA Journal of Numerical Analysis, 2014, 34（1）: 217-251.

[18]Leonenko N N, Meerschaert M M, Sikorskii A.Fractional Pearson diffusions[J].Journal of Mathematical Analysis and Applications, 2013, 403（2）: 532-546.

[19]Liu W, Röckner M, Silva d L J.Quasi-linear（stochastic）partial differential equations with time-fractional derivatives[J].SIAM Journal on Mathematical Analysis, 2018, 50（3）: 2588-2607.

[20]Lototsky V S, Rozovsky L B.Classical and generalized solutions of fractional stochastic differential equations[J].Stochastics andPartial Differential Equations: Analysis and Computations, 2019, 8（4）: 1-26.

[21]Meerschaert M M, Sikorskii A. Stochastic Models for Fractional Calculus[M]. Berlin: De Gruyter, 2019.

[22]Metzler R, Jeon J H, Gherstvy A G, et al.Anomalous diffusion models and their properties: non-stationarity, non-ergodicity, and ageing at the centenary of single

particle tracking [J].Physical chemistry chemical physics, 2014, 16 (44): 24128-24164.

[23]Prato G D, Zabczyk J.Stochastic equations in infinite dimensions[M]. Cambridge: Cambridge University Press, 1992.

[24]Podlubny L. Fractional Differential Equations[M].San Diego: Academic Press, 1999.

[25]Wang X, Qi R.A note on an accelerated exponential Euler method for parabolic SPDEs with additive noise[J].Applied Mathematics Letters, 2015 (46): 31-37.

[26]Yan Y.Galerkin finite element methods for stochastic parabolic partial differential equations.[J].SIAM J. Numerical Analysis, 2005, 43 (4): 1363-1384.

[27]Yan Y.Semidiscrete galerkin approximation for a linear stochastic parabolic partial differential equation driven by an additive noise[J].BIT numerical mathematics, 2004, 44 (4): 829-847.

第4章 分数阶积分加性噪声驱动问题的随机子扩散 L1 格式的弱收敛性

4.1 引　言

在本章中，我们将研究 L_1 格式的弱收敛性，用于逼近以下由分数积分加性噪声驱动的随机子扩散问题，其中 $0<\alpha<1$，$0\leqslant\gamma\leqslant 1$，参见文献 [3,（1.3）] 和文献 [15,（1.1）]。

$$\begin{cases} {}_{C}D_{0,t}^{\alpha}u(t)+Au(t)={}_{0}I_{t}^{\gamma}\dot{W}(t), & 0<t\leqslant T, \\ u(0)=u_0, \end{cases} \quad (4\text{-}1)$$

式中，$A=-\Delta$，$\mathcal{D}(A)=H^2(\mathcal{D})\cap H_0^1(\mathcal{D})$，$\mathcal{D}\subset\mathbb{R}^d$，$d=1,2,3$ 是边界光滑的有界域。这里 $\dot{W}(t)=\dfrac{\mathrm{d}W(t)}{\mathrm{d}t}$ 表示噪声，$W(t)$ 是一个 Hilbert 空间求值的 Wiener 过程，其协方差算子为 Q，相对于概率空间 $(\Omega,\mathcal{F},\mathrm{P})$ 上的滤波 $\{\mathcal{F}_t\}_{t\geqslant 0}$；初始值 u_0 是一个可测量的 $\mathcal{F}_0$ 值随机变量，其中 $H=L_2(\mathcal{D})$ 表示定义在 $\mathcal{D}$ 上的平方可积函数的希尔伯特空间，该空间具有内积 $(\cdot,\cdot)$ 和范数 $\|\cdot\|$。

式（4-1）中的 Caputo 分数阶导数 ${}_{C}D_{0,t}^{\alpha}v(t)$ 定义如下：

$$_{C}D_{0,t}^{\alpha}v(t)=\frac{1}{\Gamma(1-\alpha)}\int_{0}^{t}(t-s)^{-\alpha}v'(s)\mathrm{d}s$$

第4章 分数阶积分加性噪声驱动问题的随机子扩散L1格式的弱收敛性

其中$v'(s) = \dfrac{\mathrm{d}v(s)}{\mathrm{d}s}$，且$0 < \alpha < 1$，见参考文献[22，26]。

Riemann-Liouville 分数阶积分$_0I_t^\gamma v(t)$，$0 < \gamma \leqslant 1$定义为

$$_0I_t^\gamma v(t) = \dfrac{1}{\Gamma(\gamma)} \int_0^t (t-s)^{\gamma-1} v(s) \mathrm{d}s$$

遵循以下约定：$_0I_t^0 v(t) = v(t)$。其中，Γ代表 Gamma（伽马）函数。

Wiener 过程$W(t)$的协方差算子$\boldsymbol{Q}$可能是无界算子，参见[20，(1.1)]。特别地，如果$\boldsymbol{Q}$属于迹类，即$\mathrm{tr}(\boldsymbol{Q}) < \infty$，那么$W$是一个$H$值 Wiener 过程。如果$\boldsymbol{Q} = \boldsymbol{I}$（$\boldsymbol{I}$表示单位算子），则$W$称为非$H$值的圆柱形 Wiener 过程，但它是协方差算子$\boldsymbol{Q}_1$的$H_1$值维纳过程，其中$H_1 \supset H$是希尔伯特空间。在一维情况下 Hilbert 空间H_1，请参见[23，例10.13]。

虽然我们在式（4-1）中假设$A = -\Delta$，且$\mathcal{D}(A) = H^2(\mathcal{D}) \cap H_0^1(\mathcal{D})$，但本书的结果也适用于更一般的正定线性算子，该算子满足以下的分解估计，对于任意$\pi/2 < \theta < \pi$且$C = C(\theta)$，参见文献[25，(1.6)]。

$$\|(z\boldsymbol{I} + \boldsymbol{A})^{-1}\| \leqslant C|z|^{-1}, \quad z \in \Sigma_\theta = \{z \neq 0 : |\arg z| < \theta\}, \tag{4-2}$$

注意$\arg z^\alpha = \alpha \arg z$，由此，根据式（4-2），我们可以推断出，若$0 < \alpha < 1$

$$\left\|(z^\alpha \boldsymbol{I} + \boldsymbol{A})^{-1}\right\| \leqslant C|z|^{-\alpha}, \quad z \in \Sigma_\theta = \{z \neq 0 : |\arg z| < \theta\}, \tag{4-3}$$

式（4-1）可用于描述粒子在介质中受到黏滞和捕获的随机效应，并具有记忆功能[7]。根据经典热方程的法则，热流的速度是无限的事实证明，在具有热记忆的材料中，如文献[7]，分式导数和积分定义中的卷积项意味着较近的过去对现在的影响更大。如果内能也依赖于过去的随机效应，经典的 Wiener 过程可以表示为$_0I_t^\gamma W(t)$，即分数阶集成的加性噪声。关于式（4-1）解的存在性、唯一性和规则性已经得到了很好的研究。例如，请参阅文献[3，6，7，13，24]及其引用的文献。

近期，针对方程式（4-1）的数值求解方法受到了广泛关注。Wu 等人[29]探讨了一种全离散方案对方程式（4-1）进行近似的强收敛性，该方案利用 L1 方案近似 Caputo 时间分数导数，并采用一阶卷积求积公式近似 Riemann-Liouville 分

数积分。Jin 等人[15]介绍了求解方程式（4-1）的全离散方案，其中 Caputo 时间分数导数与 Riemann-Liouville 分数积分均采用一阶卷积正交公式近似，空间部分则通过有限元方法近似。根据相应确定性问题非平滑数据的误差估计，得到了强收敛误差的评估结果。此外，文献 [15] 还利用 Malliavin 微积分考虑了弱收敛性问题。关于随机热方程、波方程及 Volterra 积分微分方程时间离散方案的弱收敛性，可参阅更多相关文献，如文献 [1，2，4，5，8，9，11，12，21，28] 及其引用的文献。

本书采用 Kolmogorov 方程方法来考虑完全离散方案的弱收敛性，以解决由分数积分加性噪声驱动的随机子扩散问题。该方法曾在文献 [20] 中用于研究带有正记忆项的线性随机发展方程的完全离散近似的弱收敛性。

接下来，我们将提出本书的主要定理。通过对方程式（4-1）中第一个方程进行拉普拉斯变换，得到方程式（4-1）的一个温和解[15,（4.1）]。

$$u(t) = E(t)u_0 + \int_0^t E(t-s)\mathrm{d}W(s) \qquad (4-4)$$

其中，

$$E(t) = E_{\alpha,1}(-t^\alpha A), E(t) = t^{\alpha+\gamma-1}E_{\alpha,\alpha+\gamma}(-t^\alpha A),$$

以及 $E_{\alpha,1}(z)$ 和 $E_{\alpha,\alpha+\gamma}(z)$ 表示 Mittag-Leffler 函数，其定义见文献 [26,（1.56）]，变量 $z \in \mathbb{C}$，

$$E_{\alpha,\beta}(z) = \sum_{k=0}^{+\infty} \frac{z^k}{\Gamma(\alpha k + \beta)}, \quad \alpha > 0, \quad \beta > 0 \qquad (4-5)$$

在伊藤随机积分的框架下，$\int_0^t E(t-s)\mathrm{d}W(s)$ 被理解为一个操作符值随机过程。对于 Wiener 过程 $W(t)$ 的算子值随机过程的伊藤随机积分的构造，请参见文献 [23,（10.3）]。

为了确保问题式（4-1）的拟合性，我们对参数 α 和 γ 做了如下假设，具体可参见文献 [7，第 1473-1474 页] 及文献 [15,（1.2）]。

假设 4.1 $0 < \alpha < 1, 0 \leqslant \gamma \leqslant 1, \alpha + \gamma > 1/2$，对于维纳过程 $W(t)$，本研究假定其协方差算子 Q 与椭圆算子 A 满足以下正则性假设。

第4章 分数阶积分加性噪声驱动问题的随机子扩散 L1 格式的弱收敛性

假设 4.2 存在一个 $\beta \in [0, \kappa]$，其中 $\kappa > 0$，使得

$$\left\| A^{\frac{\beta-\kappa}{2}} Q^{\frac{1}{2}} \right\|_{HS} < \infty, \quad 0 \leq \beta \leq \kappa$$

式中，$\|\cdot\|_{HS}$ 为希尔伯特 - 施密特算子范数；κ 的定义是对于 $\epsilon \in \left(0, 2 - \dfrac{1-2\gamma}{\alpha}\right)$，当 $0 \leq \gamma \leq 1/2$ 时，

$$\kappa = \begin{cases} 2, & 1/2 < \gamma \leq 1 \\ 2 - \dfrac{1-2\gamma}{\alpha} - \epsilon, & 0 \leq \gamma \leq 1/2 \end{cases} \quad (4-6)$$

注 4.1 参考文献 [15，定理 A.1] 中使用了与假设 4.2 相似的假设，其中 κ 的定义是

$$\kappa = \begin{cases} 2, & 1/2 < \gamma \leq 1 \\ 2 - \epsilon, & \gamma = 1/2 \\ 2 - \dfrac{1-2\gamma}{\alpha}, & 0 \leq \gamma < 1/2 \end{cases} \quad (4-7)$$

式（4-6）中 κ 的定义意味着 $\kappa \neq 0$，因为我们需要选择一个 $\epsilon \in \left(0, 2 - \dfrac{1-2\gamma}{\alpha}\right)$ 的参数，即在定理 4.1 中，明确指出（4-16）中 $\kappa \neq 0$。

注 4.2 在 $\alpha = 1, \gamma = 0$ 的条件下，假设 4.2 可以化简为

$$\left\| A^{\frac{\beta-(1-\epsilon)}{2}} Q^{\frac{1}{2}} \right\|_{HS} < \infty, \quad 0 \leq \beta \leq 1 - \epsilon$$

该假设与文献 [30，定理 2.1] 所提出的随机热方程假设相类似。

对于任意 $s \in \mathbb{R}$，如文献 [27，第 38 页]，我们采用范数来定义 $H^s = \dot{H}^s(\mathcal{D}) = \mathcal{D}(A^{s/2})$，其中，$|\cdot|_s = \|A^{s/2} \cdot\|$。Jin 等人 [15，定理A.1] 对方程式（4-1）的解提出了以下正则性结论。

引理 4.1 若假设 4.1 及假设 4.2 满足所述条件，令 $r, q \in \mathbb{R}, 0 \leq r - q \leq 2$。

同时，假设 $0 \leqslant r \leqslant \kappa$，其中 κ 的定义见假设 4.2。假定函数 $u_0 \in L^p(\Omega; \dot{H}^q)$，其中 $p \geqslant 1$。对任意给定 $T > 0$，存在一个常数 C，使得所有 $t \in [0, T]$，则下式成立

$$\|u(t)\|_{L^2[\Omega; \dot{H}^r(D)]} \leqslant Ct^{-\alpha\frac{r-q}{2}}|u_0|_q + Ct^{\left(1-\frac{\kappa}{2}\right)\alpha+\gamma-\frac{1}{2}}\left\|A^{\frac{r-\kappa}{2}}Q^{\frac{1}{2}}\right\|_{HS}, \quad (4-8)$$

应注意到，在 Jin 等人[15, 定理A.1]的论文中，他们在公式（4-8）中的项 $\left\|A^{\frac{r-\kappa}{2}}Q^{\frac{1}{2}}\right\|_{HS}$ 中并没有要求 $0 \leqslant r \leqslant \kappa$。然而，假设 4.2 要求公式（4-8）中的项 $\left\|A^{\frac{r-\kappa}{2}}Q^{\frac{1}{2}}\right\|_{HS}$ 满足 $0 \leqslant r \leqslant \kappa$ 的条件。

接下来，我们将探讨用于逼近方程式（4-1）的半离散方案。首先，定义 $\mathcal{T}_h$ 为域 $\mathcal{D}$ 的一个形状规则且准均匀的三角部分。其次，设 $S_h \subset H_0^1(\mathcal{D})$ 表示 $\mathcal{T}_h$ 上连续的分段线性函数空间，其中 h 代表 $\mathcal{T}_h$ 剖分中边的最大长度。

对于任意 $0 < t \leqslant T$，求解式（4-1）的有限元方法是找到 $u_h(t) \in S_h$。使得 $0 < \alpha < 1$，且 $0 \leqslant \gamma \leqslant 1$

$$\begin{cases} {}_C D_{0,t}^{\alpha} u_h(t) + A_h u_h(t) = P_h\left[{}_0 I_t^{\gamma} \dot{W}(t)\right], \\ u_h(0) = P_h u_0 \end{cases} \quad (4-9)$$

式中，$A_h: S_h \to S_h$ 表示离散拉普拉斯算子[27, (1.33)]，$(A_h \psi, \chi) = (\nabla\psi, \nabla\chi), \forall \chi \in S_h$；$P_h: H \to S_h$ 表示 L_2 投影。与公式（4-4）相似，公式（4-9）的温和解的形式为

$$u_h(t) = E_h(t) P_h u_0 + \int_0^t \mathcal{E}_h(t-s) P_h \mathrm{d}W(s), \quad (4-10)$$

式中，$E_h(t) = E_{\alpha,1}(-t^\alpha A_h)$，且 $\mathcal{E}_h(t) = t^{\alpha+\gamma-1} E_{\alpha,\alpha+\gamma}(-t^\alpha A_h)$。这里的 $E_{\alpha,1}(z)$ 与 $E_{\alpha,\alpha+\gamma}(z)$ 是基于公式（4-5）定义的 Mittag-Leffler 函数。

设 $0 = t_0 < t_1 < \cdots < t_N = T$ 为 $[0, T]$ 的时间分区，其中 $t_n = n\tau, n = 0, 1, \cdots, N$，

第 4 章 分数阶积分加性噪声驱动问题的随机子扩散 L1 格式的弱收敛性

$\tau = T/N$ 为时间步长，设 $U^n \approx u_h(t_n)$，$n = 1, 2, \cdots, N$ 为 $u_h(t_n)$ 的近似解。我们可以定义以下的完全离散格式来逼近式（4-9）：求 $U^n \approx u_h(t_n)$，$n = 1, 2, \cdots, N$，使得 $\Delta W^k = W(t_k) - W(t_{k-1})$，$k = 1, 2, \cdots, n$，并且 $\Delta W^0 = 0$。

$$\begin{cases} \tau^{-\alpha} \sum_{k=0}^{n} w_{n-k}^{(\alpha)} U^k + \boldsymbol{A}_h U^n = \tau^\gamma P_h \sum_{k=0}^{n} w_{n-k}^{(-\gamma)} (\tau^{-1} \Delta W^k), \\ U^0 = P_h u_0, \end{cases} \quad (4\text{-}11)$$

式中，权重 $w_k^{(\alpha)}$，$k = 0, 1, \cdots, n$ 是由 L_1 方案[16,(1.3)]生成的，具体表达式为

$$\Gamma(2-\alpha) w_k^{(\alpha)} = \begin{cases} 1, & k = 0, \\ -2k^{1-\alpha} + (k-1)^{1-\alpha} + (k+1)^{1-\alpha}, & k = 1, 2, \cdots, \end{cases} \quad (4\text{-}12)$$

权重 $w_k^{(-\gamma)} = (-1)^j \binom{-\gamma}{k}$，$k = 0, 1, 2, \cdots$，是通过一阶卷积积分法[25,(1.15)]生成的，具体表达式为

$$(1-\zeta)^{-\gamma} = \sum_{k=0}^{\infty} w_k^{(-\gamma)} \zeta^k \quad (4\text{-}13)$$

请注意，方程式（4-11）的解具有唯一性。为了证实此结论，考虑两个以相同初值 $U_1^0 = U_2^0 = P_h u_0$ 开始的解序列 U_1^n 和 U_2^n，其中 $n = 0, 1, \cdots, N$。定义差分序列 $\epsilon^n := U_1^n - U_2^n$，满足以下等式

$$\begin{cases} \tau^{-\alpha} \sum_{k=0}^{n} w_{n-k}^{(\alpha)} \epsilon^k + \boldsymbol{A}_h \epsilon^n = 0, \\ \epsilon^0 = 0, \end{cases} \quad (4\text{-}14)$$

据文献[16]中的式（4-25）所示，解 ϵ^n 可通过包含矩阵 $\boldsymbol{A}$ 的预解式和初始条件 $\boldsymbol{A}_h$ 的围线积分来表达。因此，若初始条件 $\epsilon^0 = 0$，则对所有 $n = 1, 2, \cdots, N$，$\epsilon^n = 0$。

让 $\varphi: H \to \mathbb{R}$ 是一个满足文献[20,(4.1)]的函数。

$$\varphi \in C(H, \mathbb{R}), \quad D\varphi \in C(H, H), \quad D^2 \varphi \in C_b[H, \mathcal{L}(H)], \quad (4\text{-}15)$$

式中，$C(X, Y)$ 和 $C_b(X, Y)$ 分别为从 X 到 Y 的连续函数空间和连续有界函数空间；

D 为 Fréchet 导数;$\mathcal{L}(H)$ 为从H到H的有界算子的 Banach 空间。

接下来,我们将介绍以下的主要定理。

定理 4.1 设u为方程式(4-4)的解,而序列$(U^n)_{n=1}^N$是方程式(4-11)的解集。在假设 4.1 和假设 4.2 成立的条件下,若函数$\varphi: H \to \mathbb{R}$并满足条件式(4-15),同时有$E|u_0|_q^2 < \infty$,其中$0 \leqslant q \leqslant 2$,则定义$\kappa > 0$依据式(4-6)。若$\beta \in [0, \kappa]$且满足

$$(\kappa - \beta)\alpha + \frac{\beta}{\kappa} \leqslant 2(\alpha + \gamma) - 1 \qquad (4-16)$$

那么存在一个常数C,这个常数与时间步长τ和空间步长h无关,使得以下弱收敛阶误差估计成立:

$$|E\varphi(U^n) - E\varphi(u(t_n))| \leqslant C\left(\tau t_n^{-1+\frac{q}{2}\alpha} + h^2 t_n^{-\alpha\frac{2-q}{2}}\right)\left(1 + E|u_0|_q^2\right)$$
$$+ C\ln\left(\frac{T}{\tau + h^2}\right)\left(\tau^{\frac{\beta}{\kappa}} + h^{\frac{2\beta}{\kappa}}\right),$$

式中,E为期望。

注 4.3 为了确保定理 4.1 证明中所涉及的式(4-83)与式(4-84)式积分项有界,必须满足条件式(4-16)。

本书将对定理 4.1 中提到的两个关键弱收敛顺序案例进行讨论。通过分析,可以发现本书所得到的弱收敛顺序与 Jin 等人[15]的研究结果保持一致。

例 4.1 考虑迹类的情况,即矩阵$\mathrm{tr}(Q) < \infty$是有限的。在这种情况下,我们可以选取$\beta = \kappa$,根据式(4-2)。由式(4-16)可知,这要求$\alpha + \gamma \geqslant 1$。定理 4.1 中提到的弱收敛速度近似为$O(\tau^{\min(1, 2\alpha+\gamma-1)}) = O(\tau)$,这与文献 [15] 中定理 4.5.1 所述的$O(\tau^{\min(1, \alpha+\gamma)}) = O(\tau)$的收敛速度是一致的。

例 4.2 考虑$Q = I$,$\alpha = 1$而$\gamma = 0$的一维情况,即随机热方程问题。此时,根据式(4-6),对于足够小的正数$\epsilon > 0$,$\kappa = 1 - \epsilon$。选取$\beta = 1/2 - 2\epsilon$意味着满足噪声规律性的假设条件式(4-2)成立。

$$\left\|A^{\frac{\beta-\kappa}{2}}Q^{\frac{1}{2}}\right\|_{HS}^{2}=\left\|A^{-\frac{1}{4}-\frac{\epsilon}{2}}\right\|_{HS}^{2}=\sum_{j=1}^{\infty}\lambda_{j}^{-1/2-\epsilon}\approx\sum_{j=1}^{\infty}j^{-1-2\epsilon}<\infty,$$

式中，$\lambda_j \approx j^2$ 为算子 $A = -\varDelta$ 的特征值，定义域为 $\mathcal{D}(A) = H^2(0, 1) \cap H_0^1(0, 1)$。容易看出，条件式（4-16）成立，即

$$(\kappa-\beta)\alpha+\frac{\beta}{\kappa}-[2(\alpha+\gamma)-1]$$

$$=\left[(1-\epsilon)-\left(\frac{1}{2}-2\epsilon\right)\right]\cdot 1+\frac{\frac{1}{2}-2\epsilon}{1-\epsilon}-[2(1+0)-1]$$

$$=\frac{-\epsilon^2-\frac{1}{2}\epsilon}{1-\epsilon}<0,\quad \text{a.s.}\ \epsilon\to 0_\circ$$

根据定理 4.1，弱收敛阶数为

$$O\left\{\tau^{\min\left[\frac{\beta}{\kappa},\,2\left(1-\frac{\kappa-\beta}{2}\right)\alpha+2\gamma-1\right]}\right\}=O\left\{\tau^{\min\left[\frac{\frac{1}{2}-2\epsilon}{1-\epsilon},\,2\left(1-\frac{1+\epsilon}{2}\right)-1\right]}\right\}$$

$$=O\left[\tau^{\min\left(\frac{1}{2}-\frac{3}{2}\frac{\epsilon}{1-\epsilon},\,\frac{1}{2}-\epsilon\right)}\right]\approx O\left(\tau^{\frac{1}{2}}\right),\epsilon\to 0,$$

本研究得到的序列与 Jin 等人在其文献 [15，定理 5.2] 中得到的结果一致，其中弱收敛序列的参数设定如下：$s=\frac{1}{2}$，$\alpha=1$，$\gamma=0$，和 $p=\frac{2}{2-2(\alpha+\gamma)+s\alpha}$。

$$O\left\{\tau^{\min\left[1,\,\left(1-\frac{s}{2}\right)\alpha+\gamma-\frac{1}{p}\right]}\right\}\approx O\left\{\tau^{\min[1,\,2(\alpha+\gamma)-s\alpha-1]}\right\}=O\left(\tau^{\frac{1}{2}}\right)_\circ$$

如表 4-1-1 和表 4-1-2 所示，我们展示了定理 4.1 中在上述两种情况下的弱收敛阶数，并将其与文献 [15，定理 5.2] 中的阶数进行了比较。

表 4-1-1　迹类 $\mathrm{tr}(Q)<\infty$ 的弱收敛阶数

(α, γ)	文献[15]中的弱阶数	定理 4.1 中的弱阶数
$\alpha+\gamma \geqslant 1$	$O(\tau)$	$O(\tau)$

表 4-1-2　当 $Q=I$ 的情况下的弱收敛阶数

(α, γ)	文献[15]中的弱阶数	定理 4.1 中的弱阶数
$(\alpha, \gamma)=(1, 0)$	$O(\tau^{1/2})$	$O(\tau^{1/2})$

本书主要贡献如下：

（1）首次将 L_1 方案应用于随机时间分数阶扩散方程式（4-1）的近似求解中。在此基础上，针对相应的确定性问题，我们提出了一系列新的非光滑数据误差估计结果，具体可参考定理 4.2 和引理 4.8。

（2）采用 Kolmogorov 方程方法，以探讨随机时间分数阶扩散式（4-1）的弱逼近性质。所得误差界限在时间 t 上具有一致性，并附加了一个对数因子。

本研究的结构如下所述：第 4.2 节介绍了相关符号及引理。在第 4.3 节，我们对空间离散方案的误差进行了评估。第 4.4 节则对时间离散方案的误差进行了推导。第 4.5 节利用 Kolmogorov 方程的方法得到弱误差的表达式。第 4.6 节基于该表达式证明了弱收敛误差的估计。第 4.7 节通过一系列数值模拟验证了数值结果与理论分析的一致性。

为了便于论述，本章所提及的常数 C 在不同的上下文中可能有所不同，但它们都与时空步长 τ 和 h 保持独立。

4.2　序　言

本部分旨在引入一些将在文中后续使用的符号及引理。

4.2.1 迹类与希尔伯特-施密特算子

本小节旨在定义并讨论迹类算子与希尔伯特-施密特算子的性质，这些定义及性质将应用于定理4.1的证明过程。有关迹类算子与希尔伯特-施密特算子的进一步信息，可参阅文献[10，附录C]。

若存在两个序列$\{a_j\},\{b_j\}\subset H$，且满足特定条件，则算子$T\in\mathcal{L}(H)$可被定义为迹类算子。

$$\sum_{j=1}^{\infty}\|a_j\|\|b_j\|<\infty,$$

变量T遵循某种特定的数学表征方法

$$Tx=\sum_{j=1}^{\infty}(x,b_j)a_j,\ x\in H。$$

对空间进行了明确的定义

$$\mathcal{L}_1(H)=\{T\in\mathcal{L}(H):T是一个跟踪类操作符\}.$$

在范数下，空间$\mathcal{L}_1(H)$是一个巴拿赫空间

$$\|T\|_{Tr}=\inf\left\{\sum_{j=1}^{\infty}\|a_j\|\|b_j\|:Tx=\sum_{j=1}^{\infty}(x,b_j)a_j\right\}。$$

若矩阵$T\in\mathcal{L}_1(H)$空间，则其迹可被定义为

$$\mathrm{tr}(T)=\sum_{k=1}^{\infty}(T\phi_k,\phi_k),$$

$\{\phi_k\}_{k=1}^{\infty}$是$H$中的正交规范基。$\mathrm{tr}(T)$的值与所选择的正交规范基无关，并且满足

$$|\mathrm{tr}(T)|\leqslant\|T\|_{Tr},\ \forall T\in\mathcal{L}_1(H)。$$

如果$T\in\mathcal{L}_1(H)$，那么$T^*\in\mathcal{L}_1(H)$

$$\mathrm{tr}(T) = Tr(T^*) \tag{4-17}$$

式中，T^* 为 T 的伴随算子。

如果 $T \in \mathcal{L}_1(H)$，且 $S \in \mathcal{L}(H)$，那么 $TS \in \mathcal{L}_1(H)$，$ST \in \mathcal{L}_1(H)$。

$$\mathrm{tr}(TS) = Tr(ST) \tag{4-18}$$

我们接下来介绍希尔伯特-施密特算子的定义。如果对于某个正交归一基 $\{\phi_k\}_{k=1}^{\infty}$，算子 $T \in \mathcal{L}(H)$ 的求和满足特定条件，则称该算子为希尔伯特-施密特算子。

$$\|T\|_{\mathrm{HS}}^2 := \sum_{k=1}^{\infty} \|T\phi_k\|^2 < \infty。$$

$\|T\|_{\mathrm{HS}}^2$ 的值与正交归一基 $\{\phi_k\}_{k=1}^{\infty}$ 的选定无关。

我们定义空间

$$\mathcal{L}_2(H) = \{T \in \mathcal{L}_2 H : T \text{ 是希尔伯特施密特算子}\}。$$

$\mathcal{L}_2(H)$ 空间是一个可分离的希尔伯特空间，其规范为

$$\|T\|_{\mathrm{HS}} = \left(\sum_{k=1}^{\infty} \|T\phi_k\|^2\right)^{\frac{1}{2}}, \quad \forall T \in \mathcal{L}_2(H),$$

对应的内积定义为

$$\langle S, T \rangle_{\mathrm{HS}} = \sum_{k=1}^{\infty} (S\phi_k, T\phi_k), \quad \forall T, S \in \mathcal{L}_2(H)。$$

如果 $T \in \mathcal{L}_2(H)$，那么 $T^* \in \mathcal{L}_2(H)$

$$\|T\|_{\mathrm{HS}} = \|T^*\|_{\mathrm{HS}} \tag{4-19}$$

如果 $T \in \mathcal{L}_2(H)$，$S \in \mathcal{L}_2(H)$，那么 $TS \in \mathcal{L}_2(H)$，$ST \in \mathcal{L}_2(H)$

$$\|TS\|_{\mathrm{HS}} \leqslant \|T\|_{\mathrm{HS}} \|S\|, \|ST\|_{\mathrm{HS}} \leqslant \|T\|_{\mathrm{HS}} \|S\| \tag{4-20}$$

此外，如果 $T \in \mathcal{L}_2(H)$，$S \in \mathcal{L}_2(H)$，那么 $TS \in \mathcal{L}_1(H)$

$$\|TS\|_{Tr} \leqslant \|T\|_{HS} \|S\|_{HS}, \quad \forall T, S \in \mathcal{L}_2(H),$$

这表明

$$\operatorname{tr}(TS) \leqslant \|T\|_{HS} \|S\|_{HS}, \quad \forall T, S \in \mathcal{L}_2(H) \tag{4-21}$$

4.2.2 Mittag-Leffler 函数

由式（4-5）定义的 Mittag-Leffler 类型的两参数函数在分数微积分中起着非常重要的作用。

引理 4.2 参考文献 [26，定理 1.6] 和文献 [17，(1.8.28)] 设 $0 < \alpha < 1$，且 $\beta \in \mathbb{R}$，并假设 $\pi\alpha/2 < \mu < \alpha\pi$。则存在一个常数 $C = C(\alpha, \beta, \mu)$，使得

$$|E_{\alpha,\beta}(z)| \leqslant C(1+|z|)^{-1}, \quad \mu \leqslant \arg(z) \leqslant \pi \tag{4-22}$$

和

$$|E_{\alpha,\alpha}(z)| \leqslant C(1+|z|)^{-2}, \quad \mu \leqslant \arg(z) \leqslant \pi \tag{4-23}$$

我们需要应用到 Mittag-Leffler 函数的特定微分公式。

引理 4.3 在参考文献 [26，(1.83)]，对于 $\lambda > 0$，$\alpha \in (0,1)$，$\gamma \in [0,1]$，以及 $t > 0$，则有

$$\frac{\mathrm{d}}{\mathrm{d}t} E_{\alpha,1}(-\lambda t^\alpha) = -\lambda t^{\alpha-1} E_{\alpha,\alpha}(-\lambda t^\alpha) \tag{4-24}$$

和

$$\frac{\mathrm{d}}{\mathrm{d}t}\left[t^{\alpha+\gamma-1} E_{\alpha,\alpha+\gamma}(-\lambda t^\alpha)\right] = t^{\alpha+\gamma-2} E_{\alpha,\alpha+\gamma-1}(-\lambda t^\alpha) \tag{4-25}$$

4.2.3 了解算子的限制平滑特性

回顾一下，式（4-1）的温和解具有以下形式，其中，$0 \leqslant t \leqslant T$：

$$u(t) = E(t)u_0 + \int_0^t E(t-s)\mathrm{d}W(s), \quad \alpha + \gamma \neq 1 \tag{4-26}$$

其中，$0 \leqslant t \leqslant T$，

$$E(t) = E_{\alpha, 1}(-t^\alpha A), \quad \mathcal{E}(t) = t^{\alpha+\gamma-1} E_{\alpha, \alpha+\gamma}(-t^\alpha A) \quad (4-27)$$

式中，$E_{\alpha,1}(z)$ 和 $E_{\alpha,\alpha+\gamma}(z)$ 是由式（4-5）定义的 Mittag-Leffler 函数。此外，我们用

$$\bar{E}(t) = t^{\alpha-1} E_{\alpha, \alpha}(-t^\alpha A) \quad (4-28)$$

Mittag-Leffler 解算子有以下的平滑特性。

引理 4.4 对于 $s \in [0,1]$ 且 $t > 0$，有 $v \in H$，以下关系成立

$$\|A^s E(t)v\| \leqslant C t^{(1-s)\alpha+\gamma-1} \|v\| \quad (4-29)$$

$$\|A^s \bar{E}(t)v\| \leqslant C t^{(1-s)\alpha-1} \|v\| \quad (4-30)$$

$$\|A^s \mathcal{E}'(t)v\| \leqslant C t^{(1-s)\alpha+\gamma-2} \|v\| \quad (4-31)$$

其中，$\mathcal{E}'(t) = \dfrac{\mathrm{d}\mathcal{E}(t)}{\mathrm{d}t}$ 表示 $\mathcal{E}(t)$ 的导数。

根据式（4-6）中定义的 κ，我们进一步推导得到

$$\int_0^t \|A^s \mathcal{E}(t)v\|^2 \, \mathrm{d}s \leqslant C t^{(2-\kappa)\alpha+2\gamma-1} \|v\|^2 \quad (4-32)$$

证明：式（4-29）和式（4-30）的证明与式（4-31）的证明类似。这里我们仅证明式（4-31）。

例 4.3 如果 $\alpha + \gamma \neq 1$，那么根据式（4-22）和式（4-25），我们得到

$$\|A^s \mathcal{E}'(t)v\|^2 = |\mathcal{E}'v|_{2s}^2 = \left| t^{\alpha+\gamma-2} E_{\alpha, \alpha+\gamma-1}(-t^\alpha A)v \right|_{2s}^2$$

$$= \sum_{j=1}^\infty \lambda_j^{2s} t^{2(\alpha+\gamma-2)} \left[E_{\alpha, \alpha+\gamma-1}(-t^\alpha \lambda_j) \right]^2 (v, \phi_j)^2$$

第4章 分数阶积分加性噪声驱动问题的随机子扩散L1格式的弱收敛性

$$\leqslant Ct^{2(\alpha+\gamma-2)}\sum_{j=1}^{\infty}\frac{\left(\lambda_j t^{\alpha}\right)^{2s}}{t^{2s\alpha}}\frac{1}{\left(1+\lambda_j t^{\alpha}\right)^2}(v,\phi_j)^2$$

$$=Ct^{2(\alpha+\gamma-2)-2s\alpha}\sum_{j=1}^{\infty}\frac{\left(\lambda_j t^{\alpha}\right)^{2s}}{\left(1+\lambda_j t^{\alpha}\right)^2}(v,\phi_j)^2$$

$$\leqslant Ct^{2(\alpha+\gamma-2-s\alpha)}\|v\|^2,$$

在上述不等式中,我们利用了对于任意给定的 $s\in[0,1]$,有 $\sup\limits_{x\in[0,\infty)}\dfrac{x^{2s}}{(1+x)^2}<\infty$ 是有限的这一事实。

例4.4 如果 $\alpha+\gamma=1$,依据式(4-23)和式(4-24),可以得出

$$\|A^s E(t)v\|^2=|Ev|_{2s}^2=\left|At^{\alpha-1}E_{\alpha,\alpha}(-t^{\alpha}A)v\right|_{2s}^2$$

$$=\sum_{j=1}^{\infty}\lambda_j^{2s+2}t^{2(\alpha-1)}\left[E_{\alpha,\alpha}(-t^{\alpha}\lambda_j)\right]^2(v,\phi_j)^2$$

$$\leqslant Ct^{2(\alpha-1)}\sum_{j=1}^{\infty}\frac{\left(\lambda_j t^{\alpha}\right)^{2s+2}}{t^{(2s+2)\alpha}}\frac{1}{\left(1+\lambda_j t^{\alpha}\right)^4}(v,\phi_j)^2$$

$$=Ct^{2(\alpha-1)-(2s+2)\alpha}\sum_{j=1}^{\infty}\frac{\left(\lambda_j t^{\alpha}\right)^{2s+2}}{\left(1+\lambda_j t^{\alpha}\right)^4}(v,\phi_j)^2$$

$$\leqslant Ct^{2(\alpha+\gamma-2-s\alpha)}\|v\|^2,$$

在上一个不等式中,我们使用了对所有固定的 $s\in[0,1]$,$\sup\limits_{x\in[0,\infty)}\dfrac{x^{2s}}{(1+x)^2}<\infty$。结合这两种情况,完成了对式(4-31)的证明。

现在转向对式(4-32)的证明,显然有

$$\int_0^t\left\|A^{\frac{\kappa}{2}}E(s)v\right\|^2\mathrm{d}s=\sum_{j=1}^{\infty}\int_0^t\lambda_j^{\kappa}s^{2(\alpha+\gamma-1)}\left[E_{\alpha,\alpha+\gamma}(-\lambda_j s^{\alpha})\right]^2(v,\phi_j)^2\mathrm{d}s$$

$$\leqslant C\sum_{j=1}^{\infty}\int_0^t\frac{\lambda_j^{\kappa}s^{2(\alpha+\gamma-1)}}{(1+\lambda_j s^{\alpha})^2}(v,\phi_j)^2\mathrm{d}s。$$

对于任意固定的 $\kappa \in [0, 2]$，注意到 $\sup\limits_{x \in [0, \infty)} \dfrac{x^{2s}}{(1+x)^2} < \infty$，有

$$\int_0^t \left\| A^{\frac{\kappa}{2}} E(s) v \right\|^2 \mathrm{d}s \leqslant C \sum_{j=1}^{\infty} (v, \phi_j)^2 \int_0^t s^{(2-\kappa)\alpha + 2\gamma - 2} \mathrm{d}s \qquad (4\text{-}33)$$

现在我们估计式（4-33）右侧的积分。回顾式（4-6）中 κ 的定义，我们按照以下方式进行，对每一种情况进行如下操作。

例 4.5 如果 $\dfrac{1}{2} < \gamma \leqslant 1$，那么我们有，当 $\kappa = 2$ 时，

$$\int_0^t \left\| A^{\frac{\kappa}{2}} E(s) v \right\|^2 \mathrm{d}s \leqslant C t^{2\gamma - 1} \| v \|^2 = C t^{(2-\kappa)\alpha + 2\gamma - 1} \| v \|^2 \text{。}$$

例 4.6 如果 $\gamma = \dfrac{1}{2}$，那么我们有 $\kappa = 2 - \epsilon$，并且 $\epsilon > 0$。

$$\int_0^t \left\| A^{\frac{\kappa}{2}} E(s) v \right\|^2 \mathrm{d}s \leqslant C t^{\epsilon \alpha} \| v \|^2 = C t^{(2-\kappa)\alpha + 2\gamma - 1} \| v \|^2 \text{。}$$

例 4.7 如果 $0 \leqslant \gamma < \dfrac{1}{2}$，那么我们有 $\kappa = 2 - \dfrac{1 - 2\gamma}{\alpha} - \epsilon$，并且 $\epsilon > 0$。

$$\int_0^t \left\| A^{\frac{\kappa}{2}} E(s) v \right\|^2 \mathrm{d}s \leqslant C t^{\epsilon \alpha} \| v \|^2 = C t^{(2-\kappa)\alpha + 2\gamma - 1} \| v \|^2 \text{。}$$

综上所述，完成了该定理的证明过程。

4.3　空间离散化

在下面的部分，我们将考虑式（4-1）的空间离散化。回忆一下，式（4-1）的温和解具有以下形式。

$$u(t) = E(t) u_0 + \int_0^t E(t-s) \mathrm{d}W(s) \qquad (4\text{-}34)$$

其中，

第4章 分数阶积分加性噪声驱动问题的随机子扩散 L1 格式的弱收敛性

$$E(t) = E_{\alpha,1}(-t^\alpha A), E(t) = t^{\alpha+\gamma-1} E_{\alpha,\ \alpha+\gamma}(-t^\alpha A),$$

而式（4-34）的有限元近似的温和解具有以下形式

$$u_h(t) = E_h(t) P_h u_0 + \int_0^t E_h(t-s) P_h \mathrm{d}W(s) \qquad (4\text{-}35)$$

其中，

$$E_h(t) = E_{\alpha,1}(-t^\alpha A_h), E_h(t) = t^{\alpha+\gamma-1} E_{\alpha,\ \alpha+\gamma}(-t^\alpha A_h)。$$

对于 $E(t)$ 和 $E_h(t)$ 的空间近似误差，我们有如下引理作为其估计依据

引理 4.5 设 $v \in \dot{H}^q$，其中 $0 \leq q \leq 2$。设 $E(t)$，$E_h(t)$，$E(t)$ 和 $E_h(t)$ 分别在式（4-34）和式（4-35）中定义。那么，则有

$$\left\| [E(t) - E_h(t) P_h] v \right\| \leq Ch^2 t^{-\alpha \frac{2-q}{2}} \|v\|_q \qquad (4\text{-}36)$$

$$\left\| [E(t) - E_h(t) P_h] v \right\| \leq Ch^2 t^{\gamma-1} \|v\| \qquad (4\text{-}37)$$

证明：估计式（4-36）可在文献 [16] 的定理 2.1 中找到，而估算式（4-37）的情况是在文献 [15] 的引理 4.4.4 中 $s=0$ 和 $r=0$ 的情形。为了完整性，本书将简要给出式（4-37）的证明过程。依据逆拉普拉斯变换原理，对于任意给定的 $v \in H$，我们可以得出

$$E(t) v = \frac{1}{2\pi i} \int_\Gamma \mathrm{e}^{zt} (z^\alpha + A)^{-1} z^{-\gamma} v \mathrm{d}z \qquad (4\text{-}38)$$

和

$$E_h(t) P_h v = \frac{1}{2\pi i} \int_\Gamma \mathrm{e}^{zt} (z^\alpha + A_h)^{-1} z^{-\gamma} P_h v \mathrm{d}z \qquad (4\text{-}39)$$

在复平面 C 中，轮廓 Γ 是一条线，对于某个 $a > 0$，满足 $\Re z = a > 0$。可以将 Γ 变形为 Γ_θ，其中 $\theta \in (\pi/2,\ \pi)$。

$$\Gamma_\theta = z \in \mathbb{C} : |\arg z| = \theta [\Im z \in (-\infty, \infty)] \tag{4-40}$$

当积分在 $z=0$ 处奇异且不可沿 Γ_θ 积分时，曲线将被解释为，对于某个 $\delta > 0$，参见文献 [25，（2.1）]

$$\Gamma_{\theta,\delta} = z \in \mathbb{C} : z = r\mathrm{e}^{\pm \mathrm{i}\theta}, r \geq \delta \bigcap z \in \mathbb{C} : z = \delta \mathrm{e}^{\mathrm{i}\varphi}, |\varphi| \leq \theta \tag{4-41}$$

接下来，我们证明式（4-37）。依据式（4-38）与式（4-39），可以推导出

$$\|[\boldsymbol{E}(t) - \boldsymbol{E}_h(t)\boldsymbol{P}_h]v\| \leq C \int_{\Gamma_{\theta,\delta}} \mathrm{e}^{\Re(z)t} \|[(z^\alpha + \boldsymbol{A})^{-1} - (z^\alpha + \boldsymbol{A}_h)^{-1}\boldsymbol{P}_h]v\| |z|^{-\gamma} |\mathrm{d}z|.$$

依据解析估计式（4-3），可参照文献 [15] 中引理 4.4.4 的证明过程。

$$\left\| [(z^\alpha + \boldsymbol{A})^{-1} - (z^\alpha + \boldsymbol{A}_h)^{-1}\boldsymbol{P}_h]v \right\| \leq Ch^2 \|v\|, \quad \forall z \in \Sigma_\theta$$

因此，得出以下结论

$$\|[\boldsymbol{E}(t) - \boldsymbol{E}_h(t)\boldsymbol{P}_h]v\| \leq Ch^2 \|v\| \int_{\Gamma_{\theta,\delta}} \mathrm{e}^{\Re(z)t} |z|^{-\gamma} |\mathrm{d}z|$$

$$= Ch^2 \|v\| (\int_{\{z\in\mathbb{C}: z=\delta \mathrm{e}^{\mathrm{i}\varphi}, |\varphi|\leq\theta\}} + \int_{\{z\in\mathbb{C}: z=r\mathrm{e}^{\pm \mathrm{i}\theta}, r\geq\delta\}}) \mathrm{e}^{\Re(z)t} |z|^{-\gamma} |\mathrm{d}z| = I + II.$$

对于 I，当 $z=\delta \mathrm{e}^{\mathrm{i}\varphi}$，$\delta = t^{-1}$ 时，其中 $t^{-1} < \dfrac{\pi}{\tau}$，对于任意足够小的 τ 值，此关系均成立。

$$I \leq Ch^2 \|v\| \int_{-\theta}^{\theta} \mathrm{e}^{t\delta \cos\varphi} \delta^{1-\gamma} \mathrm{d}\varphi \leq Ch^2 \|v\| \delta^{1-\gamma} \int_{-\theta}^{\theta} \mathrm{e}^{\cos\varphi} \mathrm{d}\varphi \leq Ch^2 t^{\gamma-1} \|v\|, \text{对于 } II, \text{当}$$

$z = r\mathrm{e}^{\pm \mathrm{i}\theta}$，$r \geq \delta$，$\delta = t^{-1}$ 时，我们得到

$$II \leq Ch^2 \|v\| \int_\delta^\infty \mathrm{e}^{tr\cos\theta} r^{-\gamma} \mathrm{d}r \leq Ch^2 \|v\| \int_{t^{-1}}^\infty \mathrm{e}^{-ctr} r^{-\gamma} \mathrm{d}r$$

$$\leq Ch^2 \|v\| t^{\gamma-1} \int_c^\infty \mathrm{e}^{-x} x^{-\gamma} \mathrm{d}x \leq Ch^2 t^{\gamma-1} \|v\|,$$

式中，C 为一个合适的正常数。因此，式（4-37）得以验证。

4.4 时间域的离散处理

接下来，我们将探讨式（4-35）的时间离散化问题。为了更好地理解解算子 $E_h(t)$ 的近似方法，我们将式（4-35）表达为以下形式，并定义 $f_h(s) = P_h \dfrac{\mathrm{d}W(s)}{\mathrm{d}s}$。

$$u_h(t) = E_h(t)P_h u_0 + \int_0^t \mathcal{E}_h(t-s) f_h(s) \mathrm{d}s \qquad (4\text{-}42)$$

其中，

$$E_h(t) = E_{\alpha,1}(-t^\alpha A_h), \quad \mathcal{E}_h(t) = t^{\alpha+\gamma-1} E_{\alpha,\,\alpha+\gamma}(-t^\alpha A_h).$$

这里，$E_{\alpha,1}(z)$ 和 $E_{\alpha,\,\alpha+\gamma}(z)$ 是由式（4-5）定义的 Mittag-Leffler 函数。

根据式（4-11），用于近似式（4-42）的时间离散化方案被定义为，其中 $U^n \approx u_h(t_n)$，$n = 0, 1, \cdots, N$，并且 $U^0 = P_h u_0$，其中 $t_n = n\tau$，$\tau = T/N$，$n = 0, 1, \cdots, N$，

$$\tau^{-\alpha} \sum_{k=0}^n w_{n-k}^{(\alpha)} U^k + A_h U^n = \tau^\gamma \sum_{k=0}^n w_{n-k}^{(-\gamma)} f_h^k, \quad n = 1, 2, \cdots, N \qquad (4\text{-}43)$$

其中，$f_h^0 = 0$ 且 $f_h^k = \tau^{-1} P_h \Delta W^k$，$W^k = W(t_k) - W(t_{k-1})$，$k = 1, 2, \cdots, n$，$w_k^{(\alpha)}$ 和 $w_k^{(-\gamma)}$ 分别由式（4-12）、式（4-13）定义。

此外，我们将式（4-43）的解 U^n 写成

$$U^n = G^n + V^n, \quad n = 1, 2, \cdots, N \qquad (4\text{-}44)$$

其中，G^n 是以下齐次方程组的解

$$\tau^{-\alpha} \sum_{k=0}^n w_{n-k}^{(\alpha)} G^k + A_h G^n = 0, \quad n = 1, 2, \cdots, N \qquad (4\text{-}45)$$

其中，V^n是以下非齐次问题的解，$V^0=0$,

$$\tau^{-\alpha}\sum_{k=0}^{n}w_{n-k}^{(\alpha)}V^k + A_h V^n = \tau^{\gamma}\sum_{k=0}^{n}w_{n-k}^{(-\gamma)}f_h^k, \quad n=1,2,\cdots,N \quad (4\text{-}46)$$

其中，$f_h^0=0$, $f_h^k=\tau^{-1}P_h\Delta W^k$, $\Delta W^k=W(t_k)-W(t_{k-1})$, $k=1,2,\cdots,n$。

对于齐次问题式（4-45）的近似解G^n，按照文献[16，定理3.10，3.12]的证明过程，将算子A替换为其离散近似A_h，我们可以证明以下引理。

引理4.6 设$0\leq q\leq 2$，$u_0\in\dot{H}^q$（$\dot{H}^q$表示某种希尔伯特空间），令G^n，$n=0$，$1,\cdots,N$是式（4-45）的解。那么存在一个常数C，它与时间和空间的步长τ和h无关，使得

$$\|G^n - E_h(t_n)P_h u_0\| \leq C\tau t_n^{-1+\frac{q}{2}\alpha}|u_0|_q, \quad n=1,2,\cdots,N \quad (4\text{-}47)$$

现在讨论非齐次问题式（4-46）的近似解V^n，$n=1,2,\cdots,N$。首先，我们要找到式（4-46）中V^n的表达式。我们将使用Kovács和Printems在文献[19，(5.2)]中提出的离散拉普拉斯变换方法，以找到线性随机Volterra型演化方程的全时间离散化方案的解的表达式。将式（4-46）的两边都乘以ζ^n，并对n从1到∞求和，注意到$V^0=0$和$f_h^0=0$，得到

$$\tau^{-\alpha}\sum_{n=1}^{\infty}\left(\sum_{k=0}^{n}w_{n-k}^{(\alpha)}V^k\right)\zeta^n + \sum_{n=1}^{\infty}(A_hV^n)\zeta^n = \tau^{\gamma}\sum_{n=1}^{\infty}\left(\sum_{k=0}^{n}w_{n-k}^{(-\gamma)}f_h^k\right)\zeta^n \quad (4\text{-}48)$$

我们将使用符号约定$\tilde{w}(\zeta)=\sum_{n=0}^{\infty}w_n\zeta^n$\$来表示序列$(w_n)_{n=0}^{\infty}$的离散拉普拉斯变换或生成函数。类似地，我们记作$\tilde{V}(\zeta)=\sum_{n=0}^{\infty}V^n\zeta^n$和$\tilde{f}_h(\zeta)=\sum_{n=0}^{\infty}f_h^n\zeta^n$。

应注意到$\tilde{f}_h(\zeta)$几乎肯定是有限的。例如，在迹类情况下，即$\text{tr}(Q)<\infty$，根据等距性质，参见文献[30，(1.2)]。

第4章 分数阶积分加性噪声驱动问题的随机子扩散 L1 格式的弱收敛性

$$E\|f_h(\zeta)\|^2 = \sum_{n=1}^{\infty} E\|\tau^{-1}P_h\Delta W^n\zeta^n\|^2 = \tau^{-2}\sum_{n=1}^{\infty} E\|\int_{t_{n-1}}^{t_n} P_h dW(t)\|^2 |\zeta|^{2n}$$

$$= \tau^{-2}\sum_{n=1}^{\infty}\int_{t_{n-1}}^{t_n}\left\|P_h Q^{\frac{1}{2}}\right\|_{HS}^2 dt\,|\zeta|^{2n} \leqslant \tau^{-1}\left\|Q^{\frac{1}{2}}\right\|_{HS}^2 \sum_{n=1}^{\infty}|\zeta|^{2n}$$

$$= \tau^{-1}\mathrm{tr}(Q)\sum_{n=1}^{\infty}|\zeta|^{2n},$$

对于 $|\zeta|<\rho$ 与足够小的 $\rho\in(0,1)$ 是收敛的。因此 $f_h(\zeta)$ 对于 $|\zeta|<\rho$ 与足够小的 $\rho\in(0,1)$ 几乎肯定是有限的。

$$\delta_1(\zeta) := \left(\sum_{j=0}^{\infty} w_j^{(\alpha)}\zeta^j\right)^{1/\alpha} \tag{4-49}$$

和

$$\delta_2(\zeta) = \left(\sum_{j=0}^{\infty} w_j^{(-\gamma)}\zeta^j\right)^{-1/\gamma} \tag{4-50}$$

应用以下等式

$$\sum_{n=1}^{\infty}\left(\sum_{k=0}^{n} w_{n-k}^{(\alpha)} V^k\right)\zeta^n = \left(\sum_{j=0}^{\infty} w_j^{(\alpha)}\zeta^j\right)V(\zeta),$$

$$\sum_{n=1}^{\infty}\left(\sum_{k=0}^{n} w_{n-k}^{(-\gamma)} f_h^k\right)\zeta^n = \left(\sum_{j=0}^{\infty} w_j^{(-\gamma)}\zeta^j\right)f_h(\zeta),$$

由式（4-48）得到

$$V(\zeta) = (\tau^{-\alpha}\delta_1(\zeta)^{\alpha} + A_h)^{-1}\tau^{\gamma}\delta_2(\zeta)^{-\gamma}f_h(\zeta) \tag{4-51}$$

通过 $\delta_1(\zeta)$ 和 $\delta_2(\zeta)$ 的定义，很容易看出 $(\tau^{-\alpha}\delta_1(\zeta)^{\alpha} + A_h)^{-1}\tau^{\gamma}\delta_2(\zeta)^{-\gamma}$ 在 $\zeta=0$ 处是解析的。因此，我们可以发现系数 $(B_k)_{k=0}^{\infty}$ 使得，当 $B_0=I$ 时（I 是恒等算子），

$$B(\zeta) := \sum_{k=0}^{\infty} B_k\zeta^k = 1 + \zeta(\tau^{-\alpha}\delta_1(\zeta)^{\alpha} + A_h)^{-1}\tau^{\gamma-1}\delta_2(\zeta)^{-\gamma} \tag{4-52}$$

这意味着，通过式（4-51），则

$$V(\zeta) = \tau \frac{B(\zeta)-1}{\zeta} f(\zeta) = \tau(B_1 + B_2\zeta + B_3\zeta^2 + \cdots)(f_h^1\zeta + f_h^2\zeta^2 + \cdots)$$

$$= \tau \sum_{n=1}^{\infty} \left(\sum_{k=0}^{n-1} B_{n-k} f_h^{k+1}\right) \zeta^n = \tau \sum_{n=1}^{\infty} \left(\sum_{k=0}^{n} B_{n-(k-1)} f_h^k\right) \zeta^n 。$$

因此，我们没有得到 $V(\zeta) = \sum_{n=0}^{\infty} V^n \zeta^n$ 和 $V^0 = 0$。

$$V^n = \tau \sum_{k=0}^{n} B_{n-(k-1)} f_h^k, \quad n = 1, 2, \cdots, N 。 \tag{4-53}$$

应注意到 $\tau \sum_{k=0}^{n} B_{n-(k-1)} f_h^k$ 是离散卷积求积公式，用于近似式（4-42）中的卷积积分 $\int_0^t E_h(t-s) f_h(s) \mathrm{d}s$。

在本节的最后，我们给出了以下关于 $\|(E_h(t_n) - B_n) P_h g\|$ 的非光滑数据误差估计，其中 $g \in H$（H 是某个希尔伯特空间）。

定理 4.2 设 $E_h(t_n)$ 和 B_n 分别由式（4-42）和式（4-52）定义。设 $g \in H$。则存在一个常数 C，它与时间和空间步长 τ 和 h 无关，使得当 $n = 1, 2, \cdots, N$ 时，

$$\left\|\left(E_h(t_n) - B_n\right) P_h g\right\| \leqslant C \tau t_n^{\alpha+\gamma-2} \|g\| \tag{4-54}$$

为了证明这个定理，我们需要以下引理。

引理 4.7 设 $0 < \alpha < 1$, $0 \leqslant \gamma \leqslant 1$ $\tau \in (0, \infty)$，记为

$$\Gamma_{\theta,\delta}^{\tau} = \left\{z \in \Gamma_{\theta,\delta} : |\Im z| \leqslant \frac{\pi}{\tau}\right\},$$

其中，$\Gamma_{\theta,\delta}$ 由式（4-41）定义，设

$$z_1(z) := \frac{\delta_1(\mathrm{e}^{-z\tau})}{\tau}, \quad z_2(z) := \frac{\delta_2(\mathrm{e}^{-z\tau})}{\tau}, \quad z \in \Gamma_{\theta,\delta}^{\tau} \tag{4-55}$$

第4章 分数阶积分加性噪声驱动问题的随机子扩散L1格式的弱收敛性

其中，$\delta_1(\zeta)$ 和 $\delta_2(\zeta)$ 分别由式（4-49）和式（4-50）定义。则存在一些与时间步长 τ 无关的正常数 c 和 C，使得

$$c|z| \leqslant |z_1(z)| \leqslant C|z|, \quad z \in \Gamma_{\theta,\delta}^{\tau} \tag{4-56}$$

$$c|z| \leqslant |z_2(z)| \leqslant C|z|, \quad z \in \Gamma_{\theta,\delta}^{\tau} \tag{4-57}$$

$$c|z| \leqslant |z_2(z)| \leqslant C|z|, \quad z \in \Gamma_{\theta,\delta}^{\tau} \tag{4-58}$$

$$|z_2(z) - z| \leqslant C\tau |z|^2, \quad z \in \Gamma_{\theta,\delta}^{\tau} \tag{4-59}$$

$$\left\| (z^{\alpha} + A_h)^{-1} z^{-\gamma} - [z_1(z) + A_h]^{-1} z_2(z)^{-\gamma} e^{-z\tau} \right\| \leqslant C\tau |z|^{-\alpha-\gamma+1} \left(1 + \tau^{1-\alpha} |z|^{1-\alpha} \right) \tag{4-60}$$

并且 $z \in \Gamma_{\theta,\delta}^{\tau}$。

证明： 式（4-56）的证明见参考文献 [31，方程（24）]，式（4-57）和式（4-59）的证明分别见文献 [14，（3.10），（3.11）]。

首先证明式（4-58）。根据文献 [31，第 217 页] 中 $z_1(z) - z$ 的估计，则有

$$z_1(z) - z = O(\tau^{2-\alpha} z^{3-\alpha}), \quad \text{当} z\tau \to 0,$$

这意味着存在 $0 < \delta_0 < \pi$ 使得

$$|z_1(z) - z| \leqslant C\tau^{2-\alpha} |z|^{3-\alpha}, \quad 0 < |z\tau 1 \leqslant \delta_0, \quad z \in \Gamma_{\theta,\delta}^{\tau}.$$

对于较大的 $|z\tau|$，$\delta_0 \leqslant |z\tau| \leqslant \pi$，$z \in \Gamma_{\theta,\delta}^{\tau}$ 由式（4-56）得

$$\begin{aligned}
|z_1(z) - z| &\leqslant |z_1(z)| + |z| \leqslant C|z| \leqslant C\tau^{2-\alpha} |z|^{3-\alpha} \frac{1}{|z\tau|^{2-\alpha}} \\
&\leqslant C\tau^{2-\alpha} |z|^{3-\alpha} \frac{1}{\delta_0^{2-\alpha}} \leqslant C\tau^{2-\alpha} |z|^{3-\alpha}, \quad z \in \Gamma_{\theta,\delta}^{\tau},
\end{aligned} \tag{4-61}$$

这表明式（4-58）。

我们现在转到式（4-60）。这个证明是基于分解估计式（4-3），当 A 被 A_h 取代时，它也成立，参见文献 [25，第 6 页] 的解释。请注意，

$$\left\|(z^{\alpha}+A_h)^{-1}z^{-\gamma}-\left[(z_1(z))^{\alpha}+A_h\right]^{-1}\left[z_2(z)\right]^{-\gamma}\mathrm{e}^{-z\tau}\right\|$$

$$\leq \left\|(z^{\alpha}+A_h)^{-1}z^{-\gamma}-\left[(z_1(z))^{\alpha}+A_h\right]^{-1}\left[z_1(z)\right]^{-\gamma}\right\|+$$

$$\left\|\left\{\left[z_1(z)\right]^{\alpha}+A_h\right\}^{-1}\left[z_1(z)\right]^{-\gamma}-\left\{\left[z_1(z)\right]^{\alpha}+A_h\right\}^{-1}\left[z_2(z)\right]^{-\gamma}\right\|$$

$$+\left\|\left\{\left[z_1(z)\right]^{\alpha}+A_h\right\}^{-1}\left[z_2(z)\right]^{-\gamma}-\left[z_1(z)^{\alpha}+A_h\right]^{-1}\left[z_2(z)\right]^{-\gamma}\mathrm{e}^{-z\tau}\right\|$$

$$= I+II+III。$$

对于 I，$\bar{z}$ 在 z 和 $z_1(z)$ 之间，

$$(z^{\alpha}+A_h)^{-1}z^{-\gamma}-\left\{\left[(z_1(z)\right]^{\alpha}+A_h\right\}^{-1}\left[z_1(z)\right]^{-\gamma}$$
$$=\left[(-1)(\bar{z}^{\alpha}+A_h)^{-2}\alpha\bar{z}^{\alpha-1}\bar{z}^{-\gamma}+(\bar{z}^{\alpha}+A_h)^{-1}(-\gamma)\bar{z}^{-\gamma-1}\right][z-z_1(z)]。$$

由式（4-3）和式（4-58）可知，$\bar{z}$ 和 z 是等价的，对于 $z\in\Gamma_{\theta,\delta}^{\tau}$。

$$\begin{aligned}
I &= \left\|(z^{\alpha}+A_h)^{-1}z^{-\gamma}-\left\{\left[(z_1(z)\right]^{\alpha}+A_h\right\}^{-1}\left[z_1(z)\right]^{-\gamma}\right\| \\
&\leq \left\|\left[(-1)(\bar{z}^{\alpha}+A_h)^{-2}\alpha\bar{z}^{\alpha-1}\bar{z}^{-\gamma}+(\bar{z}^{\alpha}+A_h)^{-1}(-\gamma)\bar{z}^{-\gamma-1}\right]\right\||z-z_1(z)| \\
&\leq C\|z^{\alpha}+A_h)^{-1}\||z^{-\gamma-1}||z-z_1(z)|\leq C|z^{-\alpha-\gamma-1}||z-z_1(z)| \\
&\leq C\tau|z|^{-\alpha-\gamma+1}(\tau|z|)^{1-\alpha}。
\end{aligned}$$
（4-62）

对于 II，$\bar{z}$ 在 $z_1(z)$ 和 $z_2(z)$ 之间，则

$$[z_1(z)]^{-\gamma}-[z_2(z)]^{-\gamma}=-\gamma\bar{z}^{-\gamma-1}[z_1(z)-z_2(z)]。$$

因此，由式（4-59）和式（4-58），

$$\begin{aligned}
II &= \left\|\left\{\left[z_1(z)\right]^{\alpha}+A_h\right\}^{-1}\left[z_1(z)\right]^{-\gamma}-\left\{\left[z_1(z)\right]^{\alpha}+A_h\right\}^{-1}\left[z_2(z)\right]^{-\gamma}\right\| \\
&\leq \left\|\left\{\left[z_1(z)\right]^{\alpha}+A_h\right\}^{-1}\right\|\left|\left[z_1(z)\right]^{-\gamma}-\left[z_2(z)\right]^{-\gamma}\right| \\
&\leq C\left\|\left\{\left[z_1(z)\right]^{\alpha}+A_h\right\}^{-1}\right\||z|^{-\gamma-1}|z_1(z)-z_2(z)|
\end{aligned}$$

$$\leqslant C \left\| \left\{ \left[(z_1(z))^\alpha + A_h \right]^{-1} \right\} |z|^{-\gamma-1} \left[|z_1(z) - z| + |z_2(z) - z| \right] \right. \tag{4-63}$$
$$\leqslant C\tau |z|^{-\alpha-\gamma+1} \left[1 + (\tau|z|)^{1-\alpha} \right].$$

最后由式（4-57）和式（4-56）可知，对于 $|1 - e^{-z\tau}| \leqslant C|\tau z|$, $z \in \Gamma^\tau_{\theta,\delta}$,

$$III = \left\| \left\{ \left[(z_1(z))^\alpha + A_h \right]^{-1} [z_2(z)]^{-\gamma} - \left\{ \left[(z_1(z))^\alpha + A_h \right]^{-1} [z_2(z)]^{-\gamma} e^{-z\tau} \right\} \right\|$$
$$= \left\| \left[z_1(z)^\alpha + A_h \right]^{-1} [z_2(z)]^{-\gamma} \left(1 - e^{-z\tau} \right) \right\|$$
$$\leqslant C \left\| \left[z_1(z)^\alpha + A_h \right]^{-1} \right\| |z_2(z)|^{-\gamma} |\tau z| \leqslant C\tau |z|^{-\alpha-\gamma+1}.$$

证毕。

下面证明定理 4.2，首先我们证明 B_n 可以写成下面的积分形式，

$$B_n P_h g = \frac{1}{2\pi i} \int_{\Gamma^\tau_{\theta,\delta}} e^{zt_n} \left[z_1(z)^\alpha + A_h \right]^{-1} z_2(z)^{-\gamma} e^{-z\tau} P_h g \, dz \tag{4-64}$$

式中，$\Gamma^\tau_{\theta,\delta} = \left\{ z \in \Gamma_{\theta,\delta} : |\Im z| \leqslant \frac{\pi}{\tau} \right\}$。实际上，注意式（4-52）并使用柯西积分公式，对于 $\rho > 0$,

$$B_n = \frac{1}{2\pi i} \int_{|\zeta|=\rho} \zeta^{-n-1} B(\zeta) \, d\zeta.$$

更进一步，通过式（4-55），则

$$B_n = \frac{1}{2\pi i} \int_{|\zeta|=\rho} \zeta^{-n-1} \left\{ 1 + \zeta \left[\tau^{-\alpha} \delta_1(\zeta)^\alpha + A_h \right]^{-1} \tau^{\gamma-1} \delta_2(\zeta)^{-\gamma} \right\} d\zeta$$
$$= \frac{1}{2\pi i} \int_{|\zeta|=\rho} \zeta^{-n-1} \left\{ \zeta \left[\tau^{-\alpha} \delta_1(\zeta)^\alpha + A_h \right]^{-1} \tau^{\gamma-1} \delta_2(\zeta)^{-\gamma} \right\} d\zeta \tag{4-65}$$
$$= \frac{1}{2\pi i} \int_{\Gamma^\tau_{\theta,\delta}} e^{zt_n} \left[z_1(z)^\alpha + A_h \right]^{-1} z_2(z)^{-\gamma} e^{-z\tau} \, dz, \quad n = 1, 2, \cdots,$$

在最后一个等式中，我们使用变量 $\zeta = e^{-z\tau}$，并将 $|\zeta| = \rho$ 变形为 $\Gamma^\tau_{\theta,\delta}$，见文献 [16,（2.9）]。由式（4-39）和式（4-64），

$$\|(E_h(t_n) - B_n)P_h\| \leqslant$$

$$\left\| \frac{1}{2\pi i} \int_{\Gamma_{\theta,\delta}^\tau} e^{zt_n} \left\{ [(z^\alpha + A_h)^{-1} z^{-\gamma} - [z_1(z)^\alpha + A_h]^{-1} z_2(z)^{-\gamma} e^{-z\tau} \right\} P_h g dz \right\| +$$

$$\left\| \frac{1}{2\pi i} \int_{\Gamma_{\theta,\delta} \setminus \Gamma_{\theta,\delta}^\tau} e^{zt_n} (z^\alpha + A_h)^{-1} z^{-\gamma} P_h g dz \right\| = I_1 + I_2 \circ$$

对于 I_1, 根据式（4-60）可以得出,

$$\|I_1\| = \left\| \frac{1}{2\pi i} \int_{\Gamma_{\theta,\delta}^\tau} e^{zt_n} \left\{ (z^\alpha + A_h)^{-1} z^{-\gamma} - [z_1(z)^\alpha + A_h]^{-1} z_2(z)^{-\gamma} e^{-z\tau} \right\} P_h g dz \right\|$$

$$\leqslant C\tau \int_{\Gamma_{\theta,\delta}^\tau} |e^{zt_n}| |z|^{-\alpha-\gamma+1} \left[1 + (\tau|z|)^{1-\alpha} \right] |dz| \|P_h g\|$$

$$\leqslant C\tau \int_0^\infty e^{-crt_n} (t_n r)^{-\alpha-\gamma+1} t_n^{\alpha+\gamma-1} t_n^{-1} \left[1 + (\tau r)^{1-\alpha} \right] |d(t_n r)| \|P_h g\|$$

$$\leqslant C\tau t_n^{\alpha+\gamma-2} (\tau/t_n)^{1-\alpha} \|g\| \leqslant C\tau t_n^{\alpha+\gamma-2} \|g\| \circ$$

对于 I_2, 得到,

$$\|I_2\| = \left\| \frac{1}{2\pi i} \int_{\Gamma_{\theta,\delta} \setminus \Gamma_{\theta,\delta}^\tau} e^{zt_n} (z^\alpha + A_h)^{-1} z^{-\gamma} P_h g dz \right\|$$

$$\leqslant C \int_{\frac{\pi}{\tau}}^\infty e^{-crt_n} (r^{-1} r) r^{-\alpha} r^{-\gamma} dr \|P_h g\| \leqslant C\tau \int_{\frac{\pi}{\tau}}^\infty e^{-crt_n} r^{1-\alpha-\gamma} dr \|P_h g\|$$

$$= C\tau \int_0^\infty e^{-crt_n} (t_n r)^{1-\alpha-\gamma} t_n^{\alpha+\gamma-1} t_n^{-1} d(t_n r) \|P_h g\| \leqslant C\tau t_n^{\alpha+\gamma-2} \|g\| \circ$$

因此证明式（4-54）为真, 证毕。

4.5 误差表示公式

在本节中, 我们将给出, 当 $T = t_N$, $N \geqslant 1$ 时的误差表示公式

$$e(T) = E\varphi(U^N) - E\varphi(u(T))$$

其中, 泛函 $\varphi: \mathbb{R} \to H$ 满足式（4-15）。其中 $u(T)$ 和 $U^N \in S_h$ 分别由式（4-4）和式（4-11）定义, 即

第4章 分数阶积分加性噪声驱动问题的随机子扩散 L1 格式的弱收敛性

$$u(T) = E(T)u_0 + \int_0^T E(T-s)\mathrm{d}W(s) \qquad (4\text{-}66)$$

并且，$\Delta W^k = W(t_k) - W(t_{k-1})$，$k = 1, 2, \cdots, N$ 且 $\Delta W^0 = 0$

$$\begin{cases} \tau^{-\alpha}\sum_{k=0}^{N} w_{N-k}^{(\alpha)} U^k + A_h U^N = P_h \tau^\gamma \sum_{k=0}^{N} w_{N-k}^{(-\gamma)}(\tau^{-1}\Delta W^k), \\ U^0 = P_h u_0 \, \text{。} \end{cases} \qquad (4\text{-}67)$$

由式（4-44）和式（4-53），我们改写 $U^N \in S_h$，$N = 1, 2, \cdots$ 的积分形式为

$$\begin{aligned} U^N &= G^N + V^N = G^N + \tau \sum_{k=0}^{N} B_{N-(k-1)} P_h(\tau^{-1}\Delta W^k) \\ &= G^N + \int_0^T \bar{B}_N(T-s)\mathrm{d}W(s), \end{aligned} \qquad (4\text{-}68)$$

其中，

$$\bar{B}_N(t) = \begin{cases} B_1 P_h, & t \in (t_0, t_1], \\ B_2 P_h, & t \in (t_1, t_2], \\ \vdots \\ B_N P_h, & t \in (t_{N-1}, t_N]\, \text{。} \end{cases} \qquad (4\text{-}69)$$

引理 4.8 设 $E(t)$ 和 $\bar{B}_N(t)$ 分别由式（4-27）和式（4-69）定义。则有，当 $r \in [0, 2]$，且 $0 < s \leq t \leq T$ 时，

$$\| E(t) - E(s) \| \leq Cs^{\alpha+\gamma-2}|t-s| \qquad (4\text{-}70)$$

$$\left\| A^{\frac{r}{2}} \bar{B}_N(t) \right\| \leq Ct^{\left(1-\frac{r}{2}\right)\alpha+\gamma-1}, \left(1-\frac{r}{2}\right)\alpha+\gamma-1 < 0 \qquad (4\text{-}71)$$

κ 由式（4-6）定义，

$$\left\| A^{\frac{\kappa-\beta}{2}} \left[E(t) - \bar{B}_N(t) \right] \right\| \leq Ct^{\left(1-\frac{\kappa-\beta}{2}\right)\alpha+\gamma-1-\frac{\beta}{\kappa}}(\tau + h^2)^{\frac{\beta}{\kappa}}, \text{对于} 0 \leq \beta \leq \kappa \qquad (4\text{-}72)$$

证明：根据式（4-31），可以得出估计值式（4-70），即

$$\|E(t)v - E(s)v\| = \left\|\int_s^t E(\tau)v\mathrm{d}\tau\right\| \leq \int_s^t \|E(\tau)v\|\mathrm{d}\tau$$

$$\leq C\|v\|\int_s^t \tau^{\alpha+\gamma-2}\mathrm{d}\tau \leq Cs^{\alpha+\gamma-2}|t-s|\|v\|。$$

对于 $t \in (t_{n-1}, t_n]$，$r \in [0, 2]$，可以得出式（4-71）估算值，即

$$\left\|A^{\frac{r}{2}}\bar{B}_N(t)\right\| = \left\|A^{\frac{r}{2}}B_nP_h\right\| \leq Ct_n^{\left(1-\frac{r}{2}\right)\alpha+\gamma-1} \leq Ct^{\left(1-\frac{r}{2}\right)\alpha+\gamma-1}, \left(1-\frac{r}{2}\right)\alpha+\gamma-1 < 0,$$

其中第一个不等式在文献[15，定理4.6]中已知。

对于式（4-72），通过式（4-37）和式（4-54）并且 $\alpha+\gamma-2 < 0$，我们有

$$\begin{aligned}\|E(t_n) - B_nP_h\| &\leq \|E(t_n) - E_h(t_n)P_h\| + \|E_h(t_n)P_h - B_nP_h\| \\ &\leq Ch^2 t_n^{\gamma-1} + C\tau t_n^{\alpha+\gamma-2} \leq Ct_n^{\alpha+\gamma-2}(\tau+h^2)。\end{aligned} \quad (4\text{-}73)$$

对于 $t \in (t_{n-1}, t_n]$，有，注意 $\alpha+\gamma-2 < 0$，使用式（4-70），则

$$\begin{aligned}\|E(t) - \bar{B}_N(t)\| &= \|E(t) - E(t_n) + E(t_n) - \bar{B}_N(t)\| \\ &\leq \|E(t) - E(t_n)\| + \|E(t_n) - B_nP_h\| \\ &\leq Ct^{\alpha+\gamma-2}|t_n-t| + Ct_n^{\alpha+\gamma-2}(\tau+h^2) \\ &\leq Ct^{\alpha+\gamma-2}(\tau+h^2)。\end{aligned} \quad (4\text{-}74)$$

应用下面的插值结果，当 $0 \leq \theta \leq 1$，$t > 0$，$s > 0$ 时得

$$\|A^{t\theta+s(1-\theta)}v\| \leq \|A^t v\|^\theta \cdot \|A^s v\|^{1-\theta} \quad (4\text{-}75)$$

选择 $t = 0$，$s = \dfrac{\kappa}{2}$，$\theta = \dfrac{\beta}{\kappa}$，并使用式（4-29）、式（4-71）和式（4-74）得到

$$\left\|A^{\frac{\kappa-\beta}{2}}\left[E(t)-\bar{B}_N(t)\right]\right\| \leqslant \left\|E(t)-\bar{B}_N(t)\right\|^{\frac{\beta}{\kappa}} \left\|A^{\frac{\kappa}{2}}\left[E(t)-\bar{B}_N(t)\right]\right\|^{1-\frac{\beta}{\kappa}}$$

$$\leqslant C\left\|E(t)-\bar{B}_N(t)\right\|^{\frac{\beta}{\kappa}}\left[\left\|A^{\frac{\kappa}{2}}E(t)\right\|^{1-\frac{\beta}{\kappa}}+\left\|A^{\frac{\kappa}{2}}\bar{B}_N(t)\right\|^{1-\frac{\beta}{\kappa}}\right]$$

$$\leqslant Ct^{\left(1-\frac{\kappa-\beta}{2}\right)\alpha+\gamma-1-\frac{\beta}{\kappa}}(\tau+h^2)^{\frac{\beta}{\kappa}}\text{。}$$

证毕。

现在我们引入基于 Kolmogorov 方程方法的误差表示公式。该方法已在文献 [18] 中用于求解具有加性噪声的线性随机演化方程的有限元近似的弱收敛，并在文献 [20] 中用于求解具有正型记忆项的线性随机演化方程的全离散格式的弱收敛。

将辅助问题定义如下：

$$\mathrm{d}Z(t) = E(T-t)\mathrm{d}W(t), \quad \tau < t \leqslant T,$$
$$Z(\tau) = \xi,$$

其解为

$$Z(t;\ \tau,\ \xi) = \xi + \int_\tau^t E(T-s)\mathrm{d}W(s),$$

式中，ξ 为可测量的随机变量。

对于满足式（4-15）的函数 $\varphi: H \to \mathbb{R}$，令

$$w(x,\ t) = E\big(\varphi[Z(T;\ t,\ x)]\big),\ x \in H,\ t \in [0,\ T] \qquad (4-76)$$

那么 $w(x,\ t)$ 是以下 Kolmogorov 方程的解，

$$\begin{cases} w_t(x,\ t) + \dfrac{1}{2}Tr\Big[w_{xx}(x,\ t)E(T-t)QE(T-t)^*\Big] = 0, (x,\ t) \in H \times [0,\ T), \\ w(x,\ T) = \varphi(x),\ x \in H. \end{cases} \qquad (4-77)$$

更进一步，对于任意$\mathcal{F}_t$可测量的随机变量ξ，有

$$w(\xi, t) = E(\varphi[Z(T; t, \xi)] | \mathcal{F}_t),$$

这意味着，根据双重期望定律，即

$$E(w(\xi, t)) = E(E(\varphi(Z(T; t, \xi))) | \mathcal{F}_t)) = E\varphi(Z(T; t, \xi))。$$

选择$\xi = E(T)u_0$得到

$$E(w(E(T)u_0, 0)) = E(\varphi(Z(T; 0, E(T)u_0))) = E\varphi(u(T))。$$

如果选择$\xi = U^N$，则有

$$E(w(U^N, T)) = E(\varphi(Z(T; T, U^N))) = E\varphi(U^N)。$$

这样就得到

$$E\varphi(U^N) - E\varphi[u(T)] = Ew(U^N, T) - Ew[E(T)u_0, 0]$$
$$= \{Ew(G^N, 0) - Ew[E(T)u_0, 0]\} + [Ew(U^N, T) - Ew(G^N, 0)]。$$

接下来，需要使用Itô公式来估计$Ew(U^N, T) - Ew(G^N, 0)$。为了了解这一点，请考虑以下问题

$$d\boldsymbol{Y}(t) = \bar{\boldsymbol{B}}_N(T-t)dW(t),$$
$$\boldsymbol{Y}(0) = \boldsymbol{G}^N,$$

其解为

$$\boldsymbol{Y}(t) = \boldsymbol{G}^N + \int_0^t \bar{\boldsymbol{B}}_N(T-t)dW(t), \quad 0 < t \leq T,$$
$$\boldsymbol{Y}(0) = \boldsymbol{G}^N。$$

注意$\boldsymbol{Y}(T) = \boldsymbol{U}^N, \boldsymbol{Y}(0) = \boldsymbol{G}^N$。根据Itô公式，见参考文献[20，命题4.1]和Kolmogorov方程（4-77），我们得到

$$Ew(\boldsymbol{U}^N,\ T) - Ew(\boldsymbol{G}^N,\ 0)$$
$$= Ew\big[\boldsymbol{Y}(T),\ T\big] - Ew\big[\boldsymbol{Y}(0),\ 0\big]$$
$$= E\int_0^T w_t(\boldsymbol{Y}(t),\ t)\mathrm{d}t + E\int_0^T \frac{1}{2}Tr\left\{w_{xx}\big[\boldsymbol{Y}(t),\ t\big]\big[\bar{\boldsymbol{B}}_N(T-t)\boldsymbol{Q}\bar{\boldsymbol{B}}_N(T-t)^*\big]\right\}\mathrm{d}t$$
$$= \frac{1}{2}\int_0^T Tr\left\{w_{xx}\big[\boldsymbol{Y}(t),\ t\big]\left\{\big[\bar{\boldsymbol{B}}_N(T-t)\boldsymbol{Q}\bar{\boldsymbol{B}}_N(T-t)^*\big] - \big[\boldsymbol{E}(T-t)\boldsymbol{Q}\boldsymbol{E}(T-t)^*\big]\right\}\right\}\mathrm{d}t_\circ$$

使用与文献 [20，定理 4.3] 中相同的参数，我们得到

$$Ew(\boldsymbol{U}^N,\ T) - Ew(\boldsymbol{G}^N,\ 0)$$
$$= \frac{1}{2}\int_0^T Tr\left[w_{xx}\big(\boldsymbol{Y}(t),\ t\big)\right]\big[\bar{\boldsymbol{B}}_N(T-t) + \boldsymbol{E}(T-t)\big]\boldsymbol{Q}\big[\bar{\boldsymbol{B}}_N(T-t) - \boldsymbol{E}(T-t)\big]^*\mathrm{d}t_\circ$$

因此，我们得到以下误差表示公式：

$$E\varphi\big(\boldsymbol{U}^N\big) - E\varphi\big(u(T)\big)$$
$$= E\big(w\big(\boldsymbol{G}^N,\ 0\big) - w\big(\boldsymbol{E}(T)u_0,\ 0\big)\big) + \frac{1}{2}E\int_0^T Tr\left[w_{xx}\big(\boldsymbol{Y}(t),\ t\big)O(t)\right]\mathrm{d}t, \quad (4\text{-}78)$$

其中，

$$O(t) = \big[\bar{\boldsymbol{B}}_N(T-t) + \boldsymbol{E}(T-t)\big]\boldsymbol{Q}\big[\bar{\boldsymbol{B}}_N(T-t) - \boldsymbol{E}(T-t)\big]^*_\circ$$

现在我们来证明本书的主要结果。

4.6 定理 4.1 的证明

证明：根据式（4-78），我们得到

$$E\varphi\big(\boldsymbol{U}^N\big) - E\varphi\big(u(T)\big) = E\big(w\big(\boldsymbol{G}^N,\ 0\big) - w\big(\boldsymbol{E}(T)u_0,\ 0\big)\big)$$
$$+ \frac{1}{2}E\int_0^T Tr\left[w_{xx}\big(\boldsymbol{Y}(t),\ t\big)O(t)\right]\mathrm{d}t \quad (4\text{-}79)$$
$$= I + \frac{1}{2}II,$$

其中，

$$O(t) = \left[\bar{B}_N(T-t) + E(T-t)\right] Q \left[\bar{B}_N(T-t) - E(T-t)\right]^*.$$

对于I，通过泰勒级数展开并使用φ的假设式（4-15）

$$|\varphi(x) - \varphi(y)| \leq \|D\varphi(y)\| \cdot \|x-y\| + C\|x-y\|^2,$$

式中，$C = \sup\limits_{x \in H} \|D^2\varphi(x)\|_{\mathcal{L}(H)}$，且$\|D\varphi(x)\| \leq K(1+\|x\|)$，且$K = \max\{C, \|D\varphi(0)\|\}$，即

$$|\varphi(x) - \varphi(y)| \leq C(1+\|y\|) \cdot \|x-y\| + C\|x-y\|^2 \tag{4-80}$$

利用双重期望定律，注意到G^n，$n=0,1,\cdots,N$是齐次问题式（4-45）的解，通过式（4-76）和引理4.5和引理4.6，

$$\begin{aligned}
|I| &= \left|E\left(w(G^N, 0) - w[E(T)u_0, 0]\right)\right| \\
&= \left|E\left(E\left[\begin{array}{l}\varphi\left(G^N + \int_0^T E(T-s)\mathrm{d}W(s)\right) - \\ \varphi\left(E(T)u_0 + \int_0^T E(T-s)\mathrm{d}W(s)\right)\end{array}\right|\mathcal{F}_0\right)\right| \\
&\leq CE\left(\|G^N - E(T)u_0\| \cdot [1+\|u(T)\|]\right) + CE\left[\|G^N - E(T)u_0\|^2\right] \\
&\leq C\left(\tau T^{-1+\frac{q}{2}\alpha} + h^2 T^{-\alpha\frac{2-q}{2}}\right) E\left\{|u_0|_q [1+\|u(T)\|]\right\} + E\|G^N - E(T)u_0\|^2 \tag{4-81} \\
&\leq C\left(\tau T^{-1+\frac{q}{2}\alpha} + h^2 T^{-\alpha\frac{2-q}{2}}\right)\left\{1 + E\left[|u_0|_q^2 + \|u(T)\|^2\right]\right\} + \\
&\quad \left(\tau T^{-1+\frac{q}{2}\alpha} + h^2 T^{-\alpha\frac{2-q}{2}}\right)^2 E|u_0|_q^2 \\
&\leq C\left(\tau T^{-1+\frac{q}{2}\alpha} + h^2 T^{-\alpha\frac{2-q}{2}}\right)\left(1 + E|u_0|_q^2\right).
\end{aligned}$$

接下来，我们估算II。通过式（4-17）和式（4-18），可以得到，由于$w_{xx}\left[Y(t), t\right]$是自伴随的，并且$Q$是自伴随的、正半定的，则

第4章 分数阶积分加性噪声驱动问题的随机子扩散 L1 格式的弱收敛性

$$II := E\int_0^T Tr\left\{\begin{matrix}w_{xx}\bigl(Y(t),\ t\bigr)\bigl[\bar{B}_N(T-t)+E(T-t)\bigr]\\ Q\bigl[\bar{B}_N(T-t)-E(T-t)\bigr]^*\end{matrix}\right\}dt$$

$$= E\int_0^T Tr\left\{\begin{matrix}(w_{xx}(Y(t),\ t)\bigl[\bar{B}_N(T-t)+E(T-t)\bigr])^*\\ Q\bigl[\bar{B}_N(T-t)-E(T-t)\bigr]\end{matrix}\right\}dt$$

$$= E\int_0^T Tr(w_{xx}(Y(t),\ t)\bigl[\bar{B}_N(T-t)+E(T-t)\bigr]^* A^{\frac{\kappa-\beta}{2}} A^{\frac{\beta-\kappa}{2}} Q^{\frac{1}{2}}$$
$$\cdot Q^{\frac{1}{2}} A^{\frac{\kappa-\beta}{2}} A^{\frac{\beta-\kappa}{2}}\bigl[\bar{B}_N(T-t)-E(T-t)\bigr]dt。 \tag{4-82}$$

当 $A^{\frac{\kappa-\beta}{2}}v_h$, $0 \leq \beta \leq \kappa$ 时,当 $v_h \in S_h$ 时,$\frac{\kappa-\beta}{2} \in [0, 1/2]$,则有

$$\left\{A^{\frac{\kappa-\beta}{2}}\bigl[\bar{B}_N(T-t)+E(T-t)\bigr]\right\}^* = \bigl[\bar{B}_N(T-t)+E(T-t)\bigr]^* A^{\frac{\kappa-\beta}{2}}。$$

因此我们得到

$$II = E\int_0^T Tr(w_{xx}\bigl[Y(t),\ t\bigr]\left\{A^{\frac{\kappa-\beta}{2}}\bigl[\bar{B}_N(T-t)+E(T-t)\bigr]\right\}^* \left(A^{\frac{\beta-\kappa}{2}}Q^{\frac{1}{2}}\right)\cdot$$
$$\left(Q^{\frac{1}{2}}A^{\frac{\beta-\kappa}{2}}\right)A^{\frac{\kappa-\beta}{2}}\bigl[\bar{B}_N(T-t)-E(T-t)\bigr])dt。$$

使用式(4-19)、式(4-20)和式(4-21),则有,

$$\|II\| \leq E\int_0^T \left\|w_{xx}(Y(t),\ t)\left\{A^{\frac{\kappa-\beta}{2}}\bigl[\bar{B}_N(T-t)+E(T-t)\bigr]\right\}^* \left(A^{\frac{\beta-\kappa}{2}}Q^{\frac{1}{2}}\right)\right\|_{HS}\cdot$$
$$\left\|\left(Q^{\frac{1}{2}}A^{\frac{\beta-\kappa}{2}}\right)\left\{A^{\frac{\kappa-\beta}{2}}\bigl[\bar{B}_N(T-t)-E(T-t)\bigr]\right\}\right\|_{HS}dt$$
$$\leq E\int\int_0^T \left\|w_{xx}(Y(t),\ t)\right\|\left\|\left(A^{\frac{\beta-\kappa}{2}}Q^{\frac{1}{2}}\right)^*\left\{A^{\frac{\kappa-\beta}{2}}\bigl[\bar{B}_N(T-t)+E(T-t)\bigr]\right\}\right\|_{HS}\cdot$$

$$\left\| \left(Q^{\frac{1}{2}} A^{\frac{\beta-\kappa}{2}} \right) \left\{ A^{\frac{\kappa-\beta}{2}} \left[\bar{B}_N(T-t) - E(T-t) \right] \right\} \right\|_{HS} dt$$

$$\leq E \int_0^T \left\| w_{xx}(Y(t), t) \right\| \left\| \left(A^{\frac{\beta-\kappa}{2}} Q^{\frac{1}{2}} \right)^* \right\|_{HS} \left\| A^{\frac{\kappa-\beta}{2}} \left[\bar{B}_N(T-t) + E(T-t) \right] \right\| \cdot$$

$$\left\| Q^{\frac{1}{2}} A^{\frac{\beta-\kappa}{2}} \right\|_{HS} \left\| A^{\frac{\kappa-\beta}{2}} \left[\bar{B}_N(T-t) - E(T-t) \right] \right\| dt$$

$$\leq E \int_0^T \left\| w_{xx}(Y(t), t) \right\| \left\| A^{\frac{\beta-\kappa}{2}} Q^{\frac{1}{2}} \right\|_{HS}^2 \left\| A^{\frac{\kappa-\beta}{2}} \left[\bar{B}_N(T-t) + E(T-t) \right] \right\| \cdot$$

$$\left\| A^{\frac{\kappa-\beta}{2}} \left[\bar{B}_N(T-t) - E(T-t) \right] \right\| dt$$

$$\leq \sup_{(x,t) \in H \times [0,T]} \left\| w_{xx}(x, t) \right\| \cdot \left\| A^{\frac{\beta-\kappa}{2}} Q^{\frac{1}{2}} \right\|_{HS}^2 \cdot$$

$$\int_0^T \left\| A^{\frac{\kappa-\beta}{2}} \left[\bar{B}_N(t) + E(t) \right] \right\| \cdot \left\| A^{\frac{\kappa-\beta}{2}} \left[\bar{B}_N(t) - E(t) \right] \right\| dt。$$

请注意，参见文献 [20，第 950 页]。

$$\sup_{(x, t) \in H \times [0, T]} \left\| w_{xx}(x, t) \right\| \leq \sup_{x \in H} \left\| D^2 \varphi(x) \right\|。$$

将此与φ的假设式（4-15）和假设 4.2 相结合，我们得到

$$\| II \| \leq C \int_0^T \left\| A^{\frac{\kappa-\beta}{2}} \left[\bar{B}_N(t) + E(t) \right] \right\| \cdot \left\| A^{\frac{\kappa-\beta}{2}} \left[\bar{B}_N(t) - E(t) \right] \right\| dt \qquad (4-83)$$

如果$(\kappa-\beta)\alpha + \frac{\beta}{\kappa} < 2(\alpha+\gamma)-1$，$\beta \in [0, \kappa]$，$\kappa > 0$，然后我们使用式（4-71）、式（4-29）及式（4-72），并且$\beta \in [0, \kappa]$，得到，

第4章　分数阶积分加性噪声驱动问题的随机子扩散 L1 格式的弱收敛性

$$\int_0^T \left\| A^{\frac{\kappa-\beta}{2}}\left[\bar{B}_N(t)+E(t)\right]\right\| \cdot \left\| A^{\frac{\kappa-\beta}{2}}\left[\bar{B}_N(t)-E(t)\right]\right\| \mathrm{d}t$$

$$\leqslant C\int_0^T \left[\left\| A^{\frac{\kappa-\beta}{2}}\bar{B}_N(t)\right\| + \left\| A^{\frac{\kappa-\beta}{2}}E(t)\right\|\right]\left\| A^{\frac{\kappa-\beta}{2}}\left[\bar{B}_N(t)-E(t)\right]\right\| \mathrm{d}t$$

$$\leqslant C(\tau+h^2)^{\frac{\beta}{\kappa}}\int_0^T t^{2\left(1-\frac{\kappa-\beta}{2}\right)\alpha+2\gamma-2-\frac{\beta}{\kappa}}\mathrm{d}t \qquad (4\text{-}84)$$

$$\leqslant C(\tau+h^2)^{\frac{\beta}{\kappa}} \leqslant C\left(\tau^{\frac{\beta}{\kappa}}+h^{\frac{2\beta}{\kappa}}\right)_\circ$$

如果 $2(\alpha+\gamma)-1=(\kappa-\beta)\alpha+\dfrac{\beta}{\kappa}$，$\beta\in[0,\ \kappa]$，$\kappa>0$，则需要将 $[0,\ T]$ 上的积分分解为两个子积分 $[0,\ \tau+h^2]$ 和 $[\tau+h^2,\ T]$。对于第一个子积分 $[0,\ \tau+h^2]$，通过使用基本不等式、式（4-29）、式（4-71），则有

$$\int_0^{\tau+h^2}\left\| A^{\frac{\kappa-\beta}{2}}\left[\bar{B}_N(t)+E(t)\right]\right\|\cdot\left\| A^{\frac{\kappa-\beta}{2}}\left[\bar{B}_N(t)-E(t)\right]\right\|\mathrm{d}t$$

$$\leqslant C\int_0^{\tau+h^2}\left[\left\| A^{\frac{\kappa-\beta}{2}}\bar{B}_N(t)\right\|^2 + \left\| A^{\frac{\kappa-\beta}{2}}E(t)\right\|^2\right]\mathrm{d}t$$

$$\leqslant C\int_0^{\tau+h^2} t^{2\left(1-\frac{\kappa-\beta}{2}\right)\alpha+2\gamma-2}\mathrm{d}t \qquad (4\text{-}85)$$

$$\leqslant C(\tau+h^2)^{2\left(1-\frac{\kappa-\beta}{2}\right)\alpha+2\gamma-1}$$

$$=C(\tau+h^2)^{\frac{\beta}{\kappa}}$$

$$\leqslant C\left(\tau^{\frac{\beta}{\kappa}}+h^{\frac{2\beta}{\kappa}}\right)_\circ$$

对于第二个子积分，通过式（4-29）、式（4-71）、式（4-72），则有

$$\int_{\tau+h^2}^T \left\| A^{\frac{\kappa-\beta}{2}}\left[\bar{B}_N(t)+E(t)\right]\right\|\cdot\left\| A^{\frac{\kappa-\beta}{2}}\left[\bar{B}_N(t)-E(t)\right]\right\|\mathrm{d}t$$

$$\leqslant C\int_{\tau+h^2}^T \left[\left\| A^{\frac{\kappa-\beta}{2}}\bar{B}_N(t)\right\| + \left\| A^{\frac{\kappa-\beta}{2}}E(t)\right\|\right]\left\| A^{\frac{\kappa-\beta}{2}}\left[\bar{B}_N(t)-E(t)\right]\right\|\mathrm{d}t$$

$$\leqslant C\left(\tau+h^{2}\right)^{\frac{\beta}{\kappa}}\int_{\tau+h^{2}}^{T}t^{2\left(1-\frac{\kappa-\beta}{2}\right)\alpha+2\gamma-2-\frac{\beta}{\kappa}}\mathrm{d}t$$

$$\leqslant C\ln\left(\frac{T}{\tau+h^{2}}\right)\left(\tau+h^{2}\right)^{\frac{\beta}{\kappa}} \tag{4-86}$$

$$\leqslant C\ln\left(\frac{T}{\tau+h^{2}}\right)\left(\tau^{\frac{\beta}{\kappa}}+h^{\frac{2\beta}{\kappa}}\right)。$$

把式（4-81）和式（4-83）～（4-86）结合起来，就完成了定理 4.1 的证明。

4.7 数值模拟

现在我们给出了单位区间 $D=(0,1)$ 上随机次扩散问题（4-1）的一些数值结果，以说明定理 4.1 中导出的误差估计。

首先，我们描述噪声项 $W(t)$ 的实现。我们假设 $W(t)$ 有如下的傅里叶级数展开[23, 定义10.6]：

$$W(t)=\sum_{l=1}^{\infty}\gamma_{l}^{\frac{1}{2}}e_{l}\beta_{l}(t) \tag{4-87}$$

式中，$\{\beta_l(t)\}$ 为实值独立同分布布朗运动序列；$\{(\gamma_l, e_l)\}$ 为 $Q\geqslant 0$（自伴随半正定）的协方差算子 $Q\in\mathcal{L}(H)$ 的特征对。如果 Q 的迹是有限的，即 $\mathrm{tr}(Q)=\sum_{l=1}^{\infty}\gamma_{l}<\infty$。我们还假设协方差算子 Q 和 A 具有特征向量的公共基。根据文献 [30]，噪声 $W(t)$ 在希尔伯特空间 H 中的 L_2 投影 $P_hW(t)\in S_h$ 满足如下性质。

$$[P_{h}W(t),\chi]=\sum_{l=1}^{\infty}\gamma_{l}^{\frac{1}{2}}\beta_{l}(t)(e_{l},\chi)\approx\sum_{l=1}^{M}\gamma_{l}^{\frac{1}{2}}\beta_{l}(t)(e_{l},\chi),\forall\chi\in S_{h},$$

其中，特征函数 $e_l(x)$ 由 $\sqrt{2}\sin(l\pi x)$ 和 $\gamma_l=l^{-m}$，$m\geqslant 0$，给出，有 m 个截断项。在完全离散化方案式（4-11）中，有

$$[W(t_{k})-W(t_{k-1})]=\sum_{l=1}^{\infty}\gamma_{l}^{1/2}e_{l}[\beta_{l}(t_{k})-\beta_{l}(t_{k-1})],\ k=1,2,\cdots,$$

式中，$\beta_l(t_k) - \beta_l(t_{k-1}) = \mathcal{N}(0, t_k - t_{k-1})$ 为均值为 0，方差为 $t_k - t_{k-1}$ 的正态分布随机变量。

为了检验弱收敛阶，我们考虑 $L_2(\Omega; H)$ 范数，选择 $\varphi[u(t)] = \int_D u(t)^2 \mathrm{d}x$ 为弱收敛。

4.7.1 时序收敛

我们用单位区间 $D = (0, 1)$ 上的一维例子来说明定理 4.1 中的理论发现。我们固定初始数据 $u_0 = 0$，以便将讨论重点放在噪声 $W(t)$ 的影响上。在下面的计算中，我们将单位区间 $D = (0, 1)$ 划分为 M 个等距子区间，网格大小 $h = 1/M$，并将时间步长 τ 固定在 $\tau = t/N$ 处，其中 τ 为感兴趣的时间。所有的期望值都是用 100 条轨迹计算的。我们分别考察了空间和时间弱收敛阶。

在数值实验中，我们将最终时间 t 固定为 $t = 0.1$，将空间子区间的个数 M 固定为 $M = 100$。参考解是用 $N = 6\,400$ 的更精细的时间网格计算的。如表 4-7-1 所示，给出了 $\alpha + \gamma \geq 1$ 和痕量噪声 $(m = 2)$ 的分数阶 α 和 γ 的各种组合的数值结果。在表 4-7-1 中，最后一列括号内的数字表示由定理 4.1 预测的理论阶数，当 $\beta = \kappa$ 且 $\alpha + \gamma \geq 1$ 时，在迹类噪声情况下为 (τ^1) 阶。尽管计算期望的轨迹相对较少，但是经验阶数与理论预测很好地吻合，充分证实了误差分析。

表 4-7-1 当 $t = 0.1$ 时，迹类噪声 $(m = 2)$，$L^2(\Omega; H)$ 误差

γ	α/N	40	80	160	320	640	顺序
0.5	0.5	8.30×10^{-8}	5.33×10^{-8}	3.42×10^{-8}	2.18×10^{-8}	1.41×10^{-8}	0.98（1.00）
	0.7	6.25×10^{-8}	3.14×10^{-8}	1.55×10^{-8}	7.83×10^{-8}	3.92×10^{-8}	1.00（1.00）
	0.9	8.46×10^{-8}	4.22×10^{-8}	2.12×10^{-8}	1.05×10^{-8}	5.29×10^{-8}	1.00（1.00）
0.8	0.5	8.23×10^{-8}	4.11×10^{-8}	2.05×10^{-8}	1.04×10^{-8}	5.28×10^{-8}	0.99（1.00）
	0.7	2.01×10^{-8}	1.02×10^{-8}	5.11×10^{-8}	2.51×10^{-8}	1.28×10^{-8}	1.00（1.00）
	0.9	2.06×10^{-8}	1.18×10^{-8}	5.42×10^{-8}	2.87×10^{-8}	1.48×10^{-8}	0.96（1.00）

如表 4-7-2 所示，我们给出了一维情况下 $Q = I$ 的数值结果。特别是当

$\alpha=1$, $\gamma=0$时，定理 4.1 的理论弱收敛阶为 $O(\tau^{1/2})$，数值结果证实了这一点。

表 4-7-2　当 $Q=I$, $(m=0)$ 且 $t=0.1$ 时，$L^2(\Omega;H)$ 误差

γ	α/N	40	80	160	320	640	顺序
0	0.7	1.40×10^{-1}	1.26×10^{-1}	1.09×10^{-1}	8.92×10^{-1}	7.26×10^{-2}	0.10（0.05）
	0.8	3.54×10^{-2}	2.84×10^{-2}	2.28×10^{-2}	1.72×10^{-2}	1.26×10^{-2}	0.25（0.20）
	0.9	8.90×10^{-3}	6.54×10^{-3}	4.73×10^{-3}	3.43×10^{-3}	2.34×10^{-3}	0.37（0.35）
	1.0	4.21×10^{-3}	2.86×10^{-3}	1.89×10^{-3}	1.18×10^{-3}	7.31×10^{-3}	0.53（0.50）

4.7.2 空间收敛

接下来我们考察空间收敛性。我们将空间步数 M 固定为 $M=200$，最终时间 t 固定为 $t=1$，并在 $N=480$ 处计算参考解。表 4-7-3 给出了各种分数阶 α 和 γ 的痕量噪声（$m=2$）的数值结果。在所有组合中观察到 $O(h^2)$ 收敛顺序，与定理 4.1 的理论预测完全一致。

表 4-7-3　当 $t=0.1$ 时，$L^2(\Omega;H)$ 误差与迹类噪声 $(m=2)$ 之间的关系

γ	α/N	10	20	40	80	160	顺序
0.2	0.3	7.65×10^{-3}	2.01×10^{-3}	5.15×10^{-4}	1.27×10^{-4}	2.96×10^{-5}	2.00（2.00）
	0.5	6.07×10^{-3}	1.63×10^{-3}	4.21×10^{-4}	1.05×10^{-4}	2.44×10^{-5}	1.98（2.00）
	0.7	4.82×10^{-3}	1.32×10^{-3}	3.46×10^{-4}	8.74×10^{-5}	2.03×10^{-5}	1.97（2.00）
	0.9	4.05×10^{-3}	1.12×10^{-3}	2.96×10^{-4}	7.52×10^{-5}	1.76×10^{-5}	1.96（2.00）
0.4	0.3	3.62×10^{-3}	9.49×10^{-4}	2.41×10^{-4}	6.00×10^{-5}	1.38×10^{-5}	2.00（2.00）
	0.5	3.17×10^{-3}	8.39×10^{-4}	2.15×10^{-4}	5.35×10^{-5}	1.23×10^{-5}	1.99（2.00）
	0.7	2.87×10^{-3}	7.63×10^{-4}	1.96×10^{-4}	4.89×10^{-5}	1.13×10^{-5}	1.99（2.00）
	0.9	2.74×10^{-3}	7.28×10^{-4}	1.87×10^{-4}	4.67×10^{-5}	1.08×10^{-6}	1.99（2.00）
0.6	0.3	2.39×10^{-3}	6.25×10^{-4}	1.59×10^{-4}	3.93×10^{-5}	9.09×10^{-6}	2.01（2.00）
	0.5	2.30×10^{-3}	6.02×10^{-4}	1.53×10^{-4}	3.80×10^{-5}	8.78×10^{-6}	2.00（2.00）
	0.7	2.26×10^{-3}	5.92×10^{-4}	1.50×10^{-4}	3.73×10^{-5}	8.64×10^{-6}	2.00（2.00）
	0.9	2.27×10^{-3}	5.94×10^{-4}	1.51×10^{-4}	3.75×10^{-5}	8.67×10^{-6}	2.00（2.00）

第4章　分数阶积分加性噪声驱动问题的随机子扩散 L1 格式的弱收敛性

续表

γ	α/N	10	20	40	80	160	顺序
0.8	0.3	2.02×10^{-3}	5.27×10^{-4}	1.33×10^{-4}	3.31×10^{-5}	7.65×10^{-6}	2.01（2.00）
	0.5	2.01×10^{-3}	5.24×10^{-4}	1.33×10^{-4}	3.29×10^{-5}	7.60×10^{-6}	2.01（2.00）
	0.7	2.01×10^{-3}	5.25×10^{-4}	1.33×10^{-4}	3.30×10^{-5}	7.62×10^{-6}	2.01（2.00）
	0.9	2.04×10^{-3}	5.32×10^{-4}	1.35×10^{-4}	3.34×10^{-5}	7.71×10^{-6}	2.01（2.00）

4.8 结　　论

本书研究了求解随机次扩散问题的数值方法。据笔者所知，这是第一次用 Kolmogorov 方程方法考虑随机子扩散 L_1 格式的弱收敛性。基于相应确定性问题的非光滑数据误差估计证明了误差估计。数值实验结果与理论结果吻合较好。

参考文献：

[1] Andersson A, Kruse R, Larsson S.Duality in refined Sobolev-Malliavin spaces and weak approximation of SPDE[J].Stochastics and Partial Differential Equations Analysis and Computations，2016，4（1）：113-149.

[2] Andersson A, Kovács M, Larsson S.Weak error analysis for semilinear stochastic Volterra equations with additive noise[J].Journal of Mathematical Analysis and Applications，2016，437（2）：1283-1304.

[3] Anh V V, Leonenko N N, Ruiz-Medina D M .Space-time fractional stochastic equations on regular bounded open domains[J].Fractional Calculus and Applied Analysis，2016，19（5）：1161-1199.

[4] Bréhier C, Debussche A.Kolmogorov equations and weak order analysis for SPDEs with nonlinear diffusion coefficient[J].Journal de mathématiques pures et appliquées，2018（119）：193-254.

[5] Cai M, Gan S, Wang X.Weak convergence rates for an explicit full-discretization

of stochastic allen-cahn equation with additive noise[J].Journal of Scientific Computing, 2021 (86): 34.

[6] Chen L.Nonlinear stochastic time-fractional diffusion equations on $\mathbb{R}$: moments, hölder regularity and intermittency[J].Transactions of the American Mathematical Society, 2017, 369 (12): 8497-8535.

[7] Chen Z, Kim K, Kim P.Fractional time stochastic partial differential equations[J]. Stochastic Processes and their Applications, 2015, 125 (4): 1470-1499.

[8] Conus D, Jentzen A, Kurniawan R.Weak convergence rates of spectral Galerkin approximations for SPDEs with nonlinear diffusion coefficients[J].The Annals of Applied Probability, 2019, 29 (2): 653-716.

[9] Cui J, Hong J.Strong and weak convergence rates of a spatial approximation for stochastic partial differential equation with one-sided lipschitz coefficient[J].SIAM Journal on Numerical Analysis, 2019, 57 (4): 1815-1841.

[10] Prato G D, Zabczyk J. Stochastic equations in infinite dimensions[M]. Cambridge: Cambridge University Press, 2014.

[11] Arnaud D.Weak approximation of stochastic partial differential equations: the non linear case[J].Mathematics of Computation, 2008, 80 (273): 89-117.

[12] Debussche A, Printems J.Weak order for the discretization of the stochastic heat equation[J].Mathematics of Computation, 2009, 78 (266): 845-863.

[13] Mohammud F.Remarks on a fractional-time stochastic equation[J].Proceedings of the American Mathematical Society, 2021 (149): 2235-2247.'

[14] Gunzburger M, Li B, Wang J.Sharp convergence rates of time discretization for stochastic time-fractional PDEs subject to additive space-time white noise[J]. Math. Comput., 2019, 88 (318): 1715-1741.

[15] Jin B, Yan Y, Zhou Z.Numerical approximation of stochastic time-fractional diffusion[J].ESAIM: Mathematical Modelling and Numerical Analysis, 2019, 53 (4): 1245-1268.

[16] Bangti J, Raytcho L, Zhi Z.An analysis of the L1 scheme for the subdiffusion

equation with nonsmooth data[J].IMA Journal of Numerical Analysis, 2015, 36 (1): 197-221.

[17] Kilbas A A, Srivastava H M, Trujillo J J.Theory and applications of fractional differential equations[M].Amsterdam: Elsevier Science B.V., 2006.

[18] Kovács M, Larsson S, Lindgren F.Weak convergence of finite element approximations of linear stochastic evolution equations with additive noise[J].BIT Numerical Mathematics, 2012, 52 (1): 85-108.

[19] Kovács M, Printems J.Strong order of convergence of a fully discrete approximation of a linear stochastic Volterra type evolution equation[J].Mathematics of Computation, 2014, 83 (289): 2325-2346.

[20] Kovács M, Printems J.Weak convergence of a fully discrete approximation of a linear stochastic evolution equation with a positive-type memory term[J].Journal of Mathematical Analysis and Applications, 2014, 413 (2): 939-952.

[21] Kruse R. Strong and weak approximation of semilinear stochastic evolution equations[M].Rheinfelden: Springer Cham, 2013.

[22] Li C. Cai M.Theory and numerical approximations of fractional integrals and derivatives[M].Philadelphia: Society for Industrial and Applied Mathematics, 2019.

[23] Lord G J, Powell C E, Shardlow T.An introduction to computational stochastic PDEs: index[M].New York: Cambridge University Press, 2014.

[24] Lototsky V S, Rozovsky L B.Classical and generalized solutions of fractional stochastic differential equations[J].Stochastics andPartial Differential Equations: Analysis and Computations, 2019, 8 (4): 1-26.

[25] Lubich C, Thomée I S V.Nonsmooth data error estimates for approximations of an evolution equation with a positive-type memory term[J].Mathematics of Computation, 1996, 65 (213): 1-17.

[26] Podlubny I.Fractional Differential Equations[M].San Diego: Academic Press, 1999.

[27] Thomee V.Galerkin finite element methods for parabolic problems[M].Berlin:

Springer-Verlag, 2007.

[28] Wang X J.Weak error estimates of the exponential Euler scheme for semilinear SPDEs without malliavin calculus[J].Discrete & Continuous Dynamical Systems-A, 2016, 36（1）: 481-497.

[29] Wu X, Yan Y, Yan Y.An analysis of the L1 scheme for stochastic subdiffusion problem driven by integrated space-time white noise[J].Applied Numerical Mathematics, 2020（157）: 69-87.

[30] Yan Y.Galerkin finite element methods for stochastic parabolic partial differential equations[J].SIAM J.Numerical Analysis, 2005, 43（4）: 1363-1384.

[31] Yan Y B, Monzorul K, Ford N J.An Analysis of the modified L1 scheme for time-fractional partial differential equations with nonsmooth data[J].SIAM Journal on Numerical Analysis, 2018, 56（1）: 210-227.

第5章 具有时间不规则系数的 Carathéodory 型方程 随机节点方法的数学分析

5.1 引　言

分数阶微积分在实际应用中得到了广泛的发展，尤其是分数微积分在反常扩散数学建模中的应用现象[24]。它可以很好地描述记忆和遗传特征。物理、力学、生物学和工程学是微积分理论和应用研究的推动力[2]。由于大多数分数模型无法解析求解，许多研究人员求助于开发高效可靠的数值方法求解分数阶方程[2, 22]。

本书致力于考虑以下形式的分数阶 Carathéodory 型微分方程的随机估计。

$$\begin{cases} {}_cD_{0,t}^{\alpha}u(t)=f(t,u(t)),\ t\in[0,T],\ \alpha\in(0,1) \\ u(0)=u_0 \end{cases} \quad (5\text{-}1)$$

式中，$T\in(0,\infty)$；$u:[0,T]\to\mathbb{R}^d$，$d\in\mathbb{N}$，且初始条件 $u_0\in\mathbb{R}^d$。系数函数 $f:[0,T]\times\mathbb{R}^d\to\mathbb{R}^d$ 通常是不连续的，但对于连续的时间变量可以积分。算子 ${}_cD_{0,t}^{\alpha}u$ 是 Caputo 意义上的时间分数导数，定义为[24]

$$_cD_{0,t}^{\alpha}u(t)=\frac{1}{\Gamma(1-\alpha)}\int_0^t(t-\sigma)^{-\alpha}\frac{\partial u}{\partial\sigma}\mathrm{d}\sigma,$$

式中，Γ 为 Gamma 函数。

如果源项函数 f 对状态变量是连续的，但对时间变量是局部可积的，则式（5-1）称为时间分数 Carathéodory 型方程。此外，如果 Lipschitz 条件附加到 f 的状态变量,基于微分方程的知识,式(5-1)具有唯一的局部解。利用时间分数 Duhamel 原理和拉普拉斯变换,我们可以得到式(5-1)的解如下:

$$u(t)=u_0+\frac{1}{\Gamma(\alpha)}\int_0^t(t-s)^{\alpha-1}f(s,\ u(s))\mathrm{d}s,\ t\in[0,\ T]。\qquad(5\text{-}2)$$

研究式(5-1)的重要性在于一些额外的噪声驱动的随机微分方程或某些随机微分方程[10, 18]可以转化为式(5-1)的形式。与经典正常扩散问题的一些正则性结果相反,大量研究表明,时间分数异常扩散方程的解通常在原点附近表现出弱奇异性[20]。例如,在式(5-1)中,即使我们假设源项 f 足够平滑,如 f = 0,根据拉普拉斯变换确定的方程的收敛阶数最多只有一阶精度。因此,对于这类问题的数值逼近,大多数最初构建的高阶时间方案都是基于这样的假设,即解相对于时间变量相对较正则,并且源项是平滑的。例如,基于连续分段多项式插值的 L1 和 L1-2 方案在文献 [17] 中被提出和分析。此外,对于具有非光滑初始值的亚扩散方程,使用上述时间离散化方案会导致在时间方向上将收敛阶数降低到一阶[12]。鉴于此,一些学者,如 Yan 和 Jin[28] 在文献 [13,28] 中等提到的修正方法实现了最优的收敛阶数。其他人设计并严格分析了在分级网格上的 L1 类型方案,被称为[3],以增强精度顺序,同时确保在初始层附近收敛顺序不会显著恶化[27]。

然而,据我们所知,上述大多数方法仅限于适度平滑的源项。如文献 [13] 所示,即使对于线性问题也是如此。在$\|f'(0)\|<0$, $\int_0^t(t-s)^{\alpha-1}\|f'(s)\|\mathrm{d}s<\infty$, $\int_0^t(t-s)^{\alpha-1}\|f''(s)\|\mathrm{d}s<\infty$ 条件下,建立了修正后向欧拉(BE)和对称后向差分(SBD)格式的误差估计。这意味着源项的附加正则性条件是恢复高阶精度所必需的。因此,当源项不能满足这些光滑性条件 [29] 时,现有时间步进算法的收敛阶将完全丢失,且远低于 1。

如上所述,低正则化源项的存在使得设计有效的时间步进方案和建立误差估计变得更加有趣和具有挑战性。另外,我们尝试考虑基于经典蒙特卡罗方法[7-8]的随机化数值方法,该方法在可积条件下收敛。随机化方法的历史可以追溯到 17 世纪概率论的早期,近年来,计算机性能的进一步提升推动了随机化方法的应用。

第 5 章 具有时间不规则系数的 Carathéodory 型方程随机节点方法的数学分析

例如,Stengle 首次提出了随机方法的框架[25]和相应的收敛分析[26]。在解式(5-1)时,这种方法在特定情况下被发现比确定性方法更有优势。随机方法已成功应用于求解调制非线性薛定谔方程[6],该方法也被应用于解决一致的线性系统[5]。模拟用于确定在不同加载条件和不确定性下结构的响应。这有助于评估结构部件或系统的可靠性、安全性和失效概率[19]。更多相关文献可以在文献 [9,11,14,23] 中找到。

据我们了解,随机化方法在解决分数阶方程低正则性方面的应用在文献中仍然相对有限。我们研究式(5-1)的动机来自 Kruse 等人的想法,他们在文献 [4] 中考虑了整数阶微分方程的误差分析。与文献 [4] 中研究的模型相比,我们的模型式(5-1)更加通用,因为分数阶微分算子是非局部的,并且具有涉及奇异权函数的历史依赖性。此外,在文献 [29] 的示例 4.1 中,当奇异源项为 $f = \dfrac{\Gamma(\nu+1)}{\Gamma(\nu+1-\alpha)}t^{\nu-\alpha}$,$\alpha-1<\nu<0$,$\alpha \in (0,1)$ 时,传统的向后欧拉方法和二阶向后差分公式的收敛阶数仅为 $0.03(\alpha=0.7,\nu=-0.3)$。在本书中,我们旨在通过实施随机节点来增强对低正则性问题的表征,本书提出的方法可以实现 $\alpha-\dfrac{1}{2}$ 次的收敛阶数。

以下是本书的主要贡献。

(1)分数阶 Carathéodory 型微分方程的一种随机数值方法被考虑。给出了分数随机求积规则的一些有价值的性质,并严格证明了相应的 $L^p(\Omega;\mathbb{R}^d)$ 误差估计。

(2)与以前的数值方法相比,我们的方法更通用、更适用于 f 不够光滑的假设。这项工作的其余部分结构如下。在第 5.2 节中,我们从概率的角度给出了一些预备知识和符号。在第 5.3 节中,我们提出了分数随机化求积规则的一些性质,并在随后的误差分析中推导了 $L^p(\Omega;\mathbb{R}^d)$ 的收敛阶。最后,通过两个数值实验对理论结果进行了说明。为了方便起见,我们所说的 C 是指在不同位置变化但与步长或均匀分布随机变量无关的任何正常数。

5.2 相关定理

假设 $\mathbb{R}$ 和 $\mathbb{N}$ 分别表示实整数和正整数的集合。$|\cdot|$ 代表 $\mathbb{R}^d$ 中的标准欧几里得范数 d, $d \in \mathbb{N}$。设 $(\Omega, \mathcal{F}, \mathbb{P})$ 是一个过滤后的概率空间,其中 Banach 空间为 $L^p(\Omega; \mathbb{R}^d)$ 与 $p \geq 1$,定义范数为

$$\|Y\|_{L^p(\Omega;\,\mathbb{R}^d)} i = \left(\mathbb{E}[|Y|^p]\right)^{\frac{1}{p}} = \left[\int_\Omega |Y(\omega)|^p \, \mathrm{d}\mathbb{P}(\omega)\right]^{\frac{1}{p}},$$

式中,$\mathbb{E}$ 为数学期望。

此外,为了简单起见,我们用每个 $0 < \gamma \leq 1$,用 C 表示 $C^\gamma([0, T]) = C^\gamma([0, T]; \mathbb{R}^d)$,其中 $C^\gamma([0, T])$ 是一个具有范数的 Banach 空间

$$\|g\|_{C^\gamma([0,\,T])} i = \sup_{t \in [0,\,T]} i |g(t)| + \sup_{t,\,s \in [0,\,T]} \frac{|g(t) - g(s)|}{|t - s|^\gamma},$$

特别是,对于所有的 t 有

$$|g(t) - g(s)| i \leq \|g\|_{C([0,\,T])} |t - s|^\gamma, \quad 0 \leq s \leq T。$$

当我们把指数理解为一个时间参数时,随机变量 $(Y_m)_{m \in \mathbb{N}}$ 是一个离散的随机过程,通过定义部分和 $S_n = \sum_{m=1}^{n} Y_m$,则随机过程变成一个离散时间鞅。Burkholder-Davis-Gundy[1] 不等式的著名离散形式由以下定理给出

定理 5.1 对于 $p \in (1, \infty)$ 的每一个离散时间鞅 $(Y_n)_{n \in \mathbb{N}}$,用 $[Y]_n = |Y_1|^2 + \sum_{k=2}^{n} |Y_k - Y_{k-1}|^2$ 表示法作为 $(Y_n)_{n \in \mathbb{N}}$ 的二次变分,则有

$$C_1 \left\| [Y]_n^{1/2} \right\|_{L^p(\Omega;\,\mathbb{R})} \leq \left\| \max_{j \in \{1,\,\cdots,\,n\}} |Y_j| \right\|_{L^p(\Omega;\,\mathbb{R})} \leq C_2 \left\| [Y]_n^{\frac{1}{2}} \right\|_{L^p(\Omega;\,\mathbb{R})} \qquad (5-3)$$

在非线性偏周向方程的定性理论中,后续的格朗沃尔不等式对误差估计起着非常重要的作用。

第 5 章 具有时间不规则系数的 Carathéodory 型方程随机节点方法的数学分析

引理 5.1[15] 对于 $(u_n)_{n\in\mathbb{N}}$ 和 $(w_n)_{n\in\mathbb{N}}$ 是两个非负序列，并且 $0 \leq a$ 满足

$$u_n \leq a + \sum_{j=1}^{n-1} w_j u_j, \quad \forall n \in \mathbb{N} \tag{5-4}$$

则对于 $n \in \mathbb{N}$，有

$$u_n \leq a\exp\left(\sum_{j=1}^{n-1} w_j\right) \tag{5-5}$$

此外，我们还将对非线性部分做出一些合理的假设。

假设 5.1 设 $f:[0, T] \times \mathbb{R}^d i \to \mathbb{R}^d$ 是可测量的。假设映射 L，K 存在，用于映射 $L:[0, T] \to [0, \infty)$，其中 $\|L\|_{L^p([0, T]; \mathbb{R})} < \infty$ 且 $p \in [1, \infty]$ 使得

$$|f(t, x_1) - f(t, x_2)|i \leq L(t)|x_1 - x_2|, \quad x_1, x_2 \in \mathbb{R}^d, \quad \forall t \in [0, T] \tag{5-6}$$

此外，对于映射 $K:[0, T] \to [0, \infty)$ 和 $\|K\|_{L^p([0, T]; \mathbb{R})} < \infty$ 满足

$$|f(t, 0)| \leq iK(t), \quad \forall 0 < t \leq T \tag{5-7}$$

值得说明的是，系数函数 f 的时间变量 t 不需要是连续的。此外，不需要 L 和 K 是有界的，并且线性增长的条件通过以下表达式直接从式（5-6）和式（5-7）导出。

$$|f(t, x)|i \leq \bar{K}(t)i(1+|x|), \quad t \in [0, T], \quad \forall x \in \mathbb{R}^d \tag{5-8}$$

式中，$\bar{K}(t) \triangleq \max(K(t), L(t))$，$t \in [0, T]$ 是 L^p 可积映射。

5.3 数值逼近与收敛性分析

本节探讨式（5-1）的数值近似。对于 $t \in [0, T]$ 设 Δt 是一个常数值，表示等距的时间步长，相关的网格点由 t 给定

$$t_j = j\Delta t, \quad j \in \{1, \cdots, N\}$$

其中 $N \in \mathbb{N}$ 由 $t_N = N$ 确定，$\Delta t \leq T < (N+1)\Delta t$。

假设 $\tau = (\tau_j)_{j \in \mathbb{N}}$ 表示在概率空间 $(\Omega_\tau, \mathcal{F}^\tau, i\mathbb{P}_\tau)$ 上定义的 $U(0,1)$ 分布随机变量的独立族。U^j 的中间值表示 u 在随机时间点 $\xi_{j-1} = t_{j-1} + \tau_j \Delta t$ 的近似值。需要注意的是，随机变量 $(\xi_{j-1})_{j \in \mathbb{N}}$ 是一个独立的随机变量族，有 $\xi_{j-1} \sim U(t_{j-1}, t_j)$。然后，我们提出了求解的随机方法，如下所示。

$$U^n = u_0 + \frac{1}{\Gamma(\alpha)} \sum_{j=1}^{n} (t_n - (t_{j-1} + \tau_j \Delta t))^{\alpha-1} f(t_{j-1} + \tau_j \Delta t, U^{j-1}) \Delta t \quad (5\text{-}9)$$

式中，$U^0 = u_0$。应注意到，ξ_{j-1} 是一个均匀分布的随机变量，其值在区间 $[t_{j-1}, t_j]$ 中，因此右边的第二项与随机变量 τ_j 一样消失在间隔之外。

在以上介绍的基础上，为了便于描述，我们介绍了以下符号定义。

定义 5.1 我们给出 $\int_0^{t_n} g(s) \mathrm{d}s = \int_0^{t_n} (t_n - s)^{\alpha-1} f(s, u(s)) \mathrm{d}s$ 的求和近似 $Q_{\tau, \Delta t}^n [g]$，其中 $\xi_{j-1} = t_{j-1} + \tau_j \Delta t$ 给定：

$$Q_{\tau, \Delta t}^n [g] \triangleq \Delta t \sum_{j=1}^{n} g(\xi_{j-1}) = \Delta t \sum_{j=1}^{n} (t_n - \xi_{j-1})^{\alpha-1} f[\xi_{j-1}, u(\xi_{j-1})]。$$

为了简化描述，让我们定义 $f(u)(s) = f(s, u(s))$。下面讨论 L^p 误差估计。

定理 5.2 函数 $f(u)$ 是从区间 $[0, T]$ 到欧氏空间 $\mathbb{R}^d$ 的映射，并且它满足 $\| f(u) \|_{L^{2p}([0, T]; \mathbb{R}^d)} < \infty$ 对于某个 $p \in (1, \infty)$。此外 g 是从区间 $[0, t_n]$ 到 $\mathbb{R}^d$ 的可测量函数映射。因此，对于 $\forall \tau \in (0, 1)$，随机化和 $Q_{\tau, \Delta t}^n [g] \in L^p(\Omega; \mathbb{R}^d)$ 是具有 $n \in \{1, \cdots, N\}$ 的被积函数 $\int_0^{t_n} g(s) \mathrm{d}s$ 的无偏估计量，在条件 $\alpha \in \left(\frac{1}{2}, 1\right)$ 下，得到

$$\left\| \max_{n \in 1, \cdots, N} \left| \int_0^{t_n} g(s) \mathrm{d}s - Q_{\tau, \Delta t}^n [g] \right| \right\|_{L^p(\Omega; \mathbb{R})} \leq C T^{\frac{p-2}{2p}} \| g \|_{L^p([0, t_n]; \mathbb{R}^d)} \Delta t^{\frac{1}{2}} \quad (5\text{-}10)$$

此外，对于所有 $\tau \in (0, 1)$，如果 g 对某些 $\gamma \in (0, 1]$ 是 γ – Hölder 连续的，得到

$$\left\| \max_{n \in 1, \cdots, N} \left| \int_0^{t_n} g(s) \mathrm{d}s - Q_{\tau, \Delta t}^n [g] \right| \right\|_{L^p(\Omega; \mathbb{R})} \leq C \sqrt{T} \| g \|_{C^\gamma([0, t_n])} \Delta t^{\frac{1}{2}+\gamma} \quad (5\text{-}11)$$

第 5 章 具有时间不规则系数的 Carathéodory 型方程随机节点方法的数学分析

证明：我们首先展示了 $Q^n_{\tau,h}[g] \in L^p(\Omega; \mathbb{R}^d)$，由于 $\|f(u)\|_{L^{2p}([0,T];\mathbb{R}^d)} < \infty$，$\tau_j \sim \mathcal{U}(0,1)$，$j = 1, 2, \cdots, n$ 和 Cauchy-Schwarz 不等式，则有

$$\begin{aligned}
\Delta t \left\| g(t_{j-1} + \Delta t \tau_j) \right\|^p_{L^p(\Omega;\mathbb{R}^d)} &= \Delta t \mathbb{E} \left| g(t_{j-1} + \Delta t \tau_j) \right|^p \\
&= \Delta t \int_{-\infty}^{\infty} \left| g(t_{j-1} + \Delta t s) \right|^p \cdot p(s) \mathrm{d}s \\
&= \Delta t \int_0^1 \left| g(t_{j-1} + \Delta t s) \right|^p \mathrm{d}s \\
&= \int_{t_{j-1}}^{t_j} |g(s)|^p \mathrm{d}s \leqslant \sum_{j=1}^n \int_{t_{j-1}}^{t_j} |g(s)|^p \mathrm{d}s \\
&= \| g \|^p_{L^p([0,t_n],\mathbb{R}^d)} \\
&= \sum_{j=1}^n \int_{t_{j-1}}^{t_j} |(t_n - s)^{\alpha-1} f(s, u(s))|^p \mathrm{d}s \quad (5\text{-}12) \\
&\leqslant \sum_{j=1}^n \left(\int_{t_{j-1}}^{t_j} \left| (t_n - s)^{2p(\alpha-1)} \right| \mathrm{d}s \right)^{\frac{1}{2}} \\
&\quad \left(\int_{t_{j-1}}^{t_j} | f(s, u(s)) |^{2p} \mathrm{d}s \right)^{\frac{1}{2}} \\
&\leqslant C \sum_{j=1}^N \left(\int_{t_{j-1}}^{t_j} \left| (t_n - s)^{2p(\alpha-1)} \right| \mathrm{d}s \right)^{\frac{1}{2}} \cdot \\
&\quad \| f(u) \|^p_{L^{2p}([0,T];\mathbb{R}^d)} < \infty,
\end{aligned}$$

其中，当 $2p(\alpha-1) > -1$ 时，最后一个不等式是显著的，并且它还表明了当 $p > 1$ 时，$\| g \|_{L^p([0,t_n],\mathbb{R}^d)} < \infty$。

取 $Q^n_{\tau,\Delta t}[g]$ 的期望值后，得到

$$\begin{aligned}
\mathbb{E}\left[Q^n_{\tau,\Delta t}[g]\right] &= \Delta t \sum_{j=1}^n \mathbb{E}\left[g(t_{j-1} + \Delta t \tau_j)\right] = \Delta t \sum_{j=1}^n \int_0^1 g(t_{j-1} + s\Delta t) \mathrm{d}s \\
&= \sum_{j=1}^n \int_{t_{j-1}}^{t_j} g(s) \mathrm{d}s = \int_0^{t_n} g(s) \mathrm{d}s。
\end{aligned} \quad (5\text{-}13)$$

因此，随机黎曼和是 $\int_0^{t_n} g(s) \mathrm{d}s$ 的无偏估计量。如上所述，每个被加数都是一个中心随机变量，即

$$E\left[\int_{t_{j-1}}^{t_j}\left[g(s)-g(t_{j-1}+\Delta t\tau_j)\right]\mathrm{d}s\right]=0,\ j=1,2,\cdots,n \quad (5\text{-}14)$$

此外，我们可以通过使用积分的线性来找到误差表达式，如下所示：

$$E^n:=\int_0^{t_n}g(s)\mathrm{d}s-Q^n_{\tau,\Delta t}[g]=\sum_{j=1}^n\int_{t_{j-1}}^{t_j}\left[g(s)-g(t_{j-1}+\Delta t\tau_j)\right]\mathrm{d}s \quad (5\text{-}15)$$

由于 $(\tau_j)_{j\in\mathbb{N}}$ 的独立性，被加数是相互独立的。此外，我们还从式（5-12）和 Cauchy-Schwarz 不等式中得到

$$\begin{aligned}
&\left\|\int_{t_{j-1}}^{t_j}\left[g(s)-g(t_{j-1}+\Delta t\tau_j)\right]\mathrm{d}s\right\|_{L^p(\Omega;\mathbb{R}^d)} \\
&\leqslant \int_{t_{j-1}}^{t_j}\left\|g(s)\right\|_{L^p(\Omega;\mathbb{R}^d)}\mathrm{d}s+\int_{t_{j-1}}^{t_j}\left\|g(t_{j-1}+\Delta t\tau_j)\right\|_{L^p(\Omega;\mathbb{R}^d)}\mathrm{d}s \\
&\leqslant \int_{t_{j-1}}^{t_j}\left[|g(s)|^p\cdot 1\right]^{\frac{1}{p}}\mathrm{d}s+\Delta t\left\|g(t_{j-1}+\Delta t\tau_j)\right\| \\
&\leqslant \int_{t_{j-1}}^{t_j}|g(s)|\mathrm{d}s+\Delta t\left\|g(t_{j-1}+\Delta t\tau_j)\right\|_{L^p(\Omega;\mathbb{R}^d)} \\
&\leqslant \left[\int_{t_{j-1}}^{t_j}\left|(t_n-s)^{2(\alpha-1)}\right|\mathrm{d}s\right]^{\frac{1}{2}}\cdot\|f(u)\|_{L^2([0,T];\mathbb{R}^d)}+ \\
&\quad \Delta t\left\|g(t_{j-1}+\Delta t\tau_j)\right\|_{L^p(\Omega;\mathbb{R}^d)}<\infty,
\end{aligned} \quad (5\text{-}16)$$

式中，最后一个不等式是当 $\alpha\in\left(\frac{1}{2},1\right)$ 时的显著性。因此，$(E^n)_{n\in\{1,\cdots,N\}}$ 是一个精确的时间 L^p 鞅。因此，我们可以应用定理 5.1 中的 Burkholder-Davis-Gundy 不等式，在插入二次变分 $[E]_n$ 后，得到

$$\begin{aligned}
&\left\|\max_{n\in 1,\cdots,N}|E^n|\right\|_{L^p(\Omega;\mathbb{R})}\leqslant C\left\|[E]_n^{\frac{1}{2}}\right\|_{L^p(\Omega;\mathbb{R})}\leqslant C\left\|\left[\sum_{k=1}^N\left(E^k-E^{k-1}\right)^2\right]^{\frac{1}{2}}\right\|_{L^p(\Omega;\mathbb{R})} \\
&=C\left\|\left(\sum_{k=1}^N\left\{\sum_{j=1}^k\int_{t_{j-1}}^{t_j}\left[(g(s)-g(t_{j-1}+\Delta t\tau_j))\right]\mathrm{d}s-\sum_{j=1}^{k-1}\int_{t_{j-1}}^{t_j}\left[g(s)-g(t_{j-1}+\Delta t\tau_j)\right]\mathrm{d}s\right\}^2\right)^{\frac{1}{2}}\right\|_{L^p(\Omega;\mathbb{R})},
\end{aligned}$$

第 5 章　具有时间不规则系数的 Carathéodory 型方程随机节点方法的数学分析

$$
\begin{aligned}
&= C \left\| \left\{ \sum_{k=1}^{N} \left| \int_{t_{k-1}}^{t_k} [g(s) - g(t_{k-1} + \Delta t \tau_k)] \mathrm{d}s \right|^2 \right\}^{\frac{1}{2}} \right\|_{L^p(\Omega;\,\mathbb{R})} \\
&= C \left\| \sum_{k=1}^{N} \left| \int_{t_{k-1}}^{t_k} [g(s) - g(t_{k-1} + \Delta t \tau_k)] \mathrm{d}s \right|^2 \right\| \\
&\leqslant C \left(\sum_{k=1}^{N} \left\| \left\{ \int_{t_{k-1}}^{t_k} [g(s) - g(t_{k-1} + \Delta t \tau_k)] \mathrm{d}s \right\}^2 \right\|_{L^{\frac{p}{2}}(\Omega;\,\mathbb{R}^d)} \right)^{\frac{1}{2}} \\
&= C \left(\sum_{k=1}^{N} \left\| \int_{t_{k-1}}^{t_k} [g(s) - g(t_{k-1} + \Delta t \tau_k)] \mathrm{d}s \right\|_{L^p(\Omega;\,\mathbb{R}^d)}^2 \right)^{\frac{1}{2}}
\end{aligned}
\tag{5-17}
$$

现在，通过应用三角不等式，得到

$$
\begin{aligned}
\left\| \max_{n \in 1, \cdots, N} |E^n| \right\|_{L^p(\Omega;\,\mathbb{R})} &\leqslant C \left(\begin{array}{l} \sum_{k=1}^{N} \left\| \int_{t_{k-1}}^{t_k} g(s) \mathrm{d}s \right\|_{L^p(\Omega;\,\mathbb{R}^d)}^2 + \\ \sum_{k=1}^{N} \Delta t^2 \left\| g(t_{k-1} + \Delta t \tau_k) \right\|_{L^p(\Omega;\,\mathbb{R}^d)}^2 \end{array} \right)^{\frac{1}{2}} \\
&\leqslant C \left(\sum_{k=1}^{N} \left| \int_{t_{k-1}}^{t_k} g(s) \mathrm{d}s \right|^2 \right)^{\frac{1}{2}} + \\
&\quad C \left(\sum_{k=1}^{N} \Delta t^2 \left\| g(t_{k-1} + \Delta t \tau_k) \right\|_{L^p(\Omega;\,\mathbb{R}^d)}^2 \right)^{\frac{1}{2}} \\
&= I_1 + I_2 \text{。}
\end{aligned}
\tag{5-18}
$$

通过 Hölder 不等式，由于 $\dfrac{1}{r} + \dfrac{1}{q} = 1$, $r > 1$，即 $q = \dfrac{r}{r-1}$，得到

$$
\begin{aligned}
\| g \|_{L^2([0,\,t_n];\,\mathbb{R}^d)} &\leqslant \left(\int_0^{t_n} 1 \cdot |g(s)|_{\mathbb{R}^d}^2 \mathrm{d}s \right)^{\frac{1}{2}} \leqslant \left(\| 1 \|_{L^q([0,\,t_n],\,\mathbb{R}^d)} \cdot \| g^2 \|_{L^r([0,\,t_n],\,\mathbb{R}^d)} \right)^{\frac{1}{2}} \\
&= \left(\int_0^{t_n} 1 |_{\mathbb{R}^d}^q \mathrm{d}s \right)^{\frac{1}{2q}} \cdot \left(\int_0^{t_n} |g(s)|_{\mathbb{R}^d}^{2r} \mathrm{d}s \right)^{\frac{1}{2r}} \leqslant C T^{\frac{1}{2q}} \| g \|_{L^{2r}([0,\,t_n],\,\mathbb{R}^d)} \\
&= T^{\frac{r-1}{2r}} \| g \|_{L^{2r}([0,\,t_n],\,\mathbb{R}^d)} \overset{p=2r}{=} T^{\frac{p-2}{2p}} \| g \|_{L^p([0,\,t_n],\,\mathbb{R}^d)},
\end{aligned}
\tag{5-19}
$$

其中，$p = 2r \in (2, \infty)$。因此，通过式（5-12）和式（5-19），第一项的界为

$$I_1 = \left(\sum_{j=1}^{N}\left|\int_{t_{j-1}}^{t_j} g(s)\,\mathrm{d}s\right|^2\right)^{\frac{1}{2}} \leqslant \left[\sum_{j=1}^{N}\left|\left(\int_{t_{j-1}}^{t_j} 1^2\,\mathrm{d}s\right)^{\frac{1}{2}}\left(\int_{t_{j-1}}^{t_j} |g(s)|^2\,\mathrm{d}s\right)^{\frac{1}{2}}\right|^2\right]^{\frac{1}{2}}$$

$$= \Delta t^{\frac{1}{2}}\left(\sum_{j=1}^{N}\int_{t_{j-1}}^{t_j} |g(s)|^2\,\mathrm{d}s\right)^{\frac{1}{2}} \leqslant C\Delta t^{\frac{1}{2}} \| g \|_{L^2([0,\,t_n],\,\mathbb{R}^d)} \leqslant \quad (5\text{-}20)$$

$$CT^{\frac{p-2}{2p}}\Delta t^{\frac{1}{2}} \| g \|_{L^p([0,\,t_n];\,\mathbb{R}^d)}\circ$$

接下来，如果 $p=2$，利用式（5-12）直接得到第二项的界。

$$I_2^2 = \sum_{k=1}^{N} \Delta t \cdot \Delta t \| g(t_{k-1}+\Delta t\tau_k) \|_{L^2(\Omega;\,\mathbb{R}^d)}^2 < \infty\,\circ$$

如果 $p\in(2,\infty)$，我们首先应用具有指数的 Hölder 不等式 $\sigma_1 = \dfrac{p}{2}\in(1,\infty)$ 和 $\sigma_2 = \dfrac{p}{p-2}\in(1,\infty)$。自从 $\Delta t^{2\left(1-\frac{1}{p}\right)-\frac{1}{\sigma_2}} = \Delta t$ 通过式（5-12）得出

$$I_2^2 = C\sum_{j=1}^{N}\Delta t^{2-\frac{2}{p}}\cdot \Delta t^{\frac{2}{p}}\left\|g(t_{j-1}+\Delta t\tau_j)\right\|_{L^p(\Omega;\,\mathbb{R}^d)}^2$$

$$\leqslant C\left(\sum_{j=1}^{N}\Delta t^{\sigma_2\left(2-\frac{2}{p}\right)}\right)^{\frac{1}{\sigma_2}}\left(\sum_{j=1}^{N}\left[\Delta t^{\frac{2}{p}}\left\|g(t_{j-1}+\Delta t\tau_j)\right\|_{L^p(\Omega;\,\mathbb{R}^d)}^2\right]^{\sigma_1}\right)^{\frac{1}{\sigma_1}}$$

$$\leqslant C\left(\Delta t^{2-\frac{2}{p}}\cdot \Delta t^{-\frac{1}{\sigma_2}}\cdot \Delta t^{\frac{1}{\sigma_2}}\cdot N^{\frac{1}{\sigma_2}}\right)\left(\sum_{j=1}^{N}\Delta t\|g(t_{j-1}+\Delta t\tau_j)\|_{L^p(\Omega;\,\mathbb{R}^d)}^p\right)^{\frac{2}{p}}$$

$$\leqslant CT^{\frac{1}{\sigma_2}}\Delta t^{2\left(1-\frac{1}{p}\right)-\frac{1}{\sigma_2}}\| g \|_{L^p([0,\,t_n];\,\mathbb{R}^d)}^2 = CT^{\frac{p-2}{p}}\Delta t \| g \|_{L^p([0,\,t_n];\,\mathbb{R}^d)}^2,$$

这意味着

$$I_2 \leqslant CT^{\frac{p-2}{2p}}\Delta t^{\frac{1}{2}} \| g \|_{L^p([0,\,t_n];\,\mathbb{R}^d)}\,\circ \quad (5\text{-}21)$$

总之，从式（5-18）、式（5-20）和式（5-21）中得出

第 5 章 具有时间不规则系数的 Carathéodory 型方程随机节点方法的数学分析

$$\left\|\max_{n\in 1,\cdots,N}|E^n|\right\|_{L^p(\Omega;\,\mathbb{R})} \leqslant 2CT^{\frac{p-2}{2p}}\Delta t^{\frac{1}{2}}\|g\|_{L^p([0,\,t_n];\,\mathbb{R}^d)} \tag{5-22}$$

式（5-10）的证明完毕。

如果加上 $g\in\mathcal{C}^\gamma([0,\,t_n])$ 和式（5-3），则我们可以通过

$$\left\|\int_{t_{j-1}}^{t_j}[g(s)-g(t_{j-1}+\Delta t\tau_j)]\mathrm{d}s\right\|_{L^p(\Omega;\,\mathbb{R}^d)}$$

$$\leqslant\int_{t_{j-1}}^{t_j}\|g(s)-g(t_{j-1}+\Delta t\tau_j)\|_{L^p(\Omega;\,\mathbb{R}^d)}\mathrm{d}s\leqslant\|g\|_{\mathcal{C}^\gamma([0,\,t_n])}\Delta t^{1+\gamma}。$$

因此，将其代入式（5-17）中可得到

$$\left\|\max_{n\in 1,\cdots,N}|E^n|\right\|_{L^p(\Omega;\,\mathbb{R})} \leqslant C\left(\sum_{j=1}^N\|g\|^2_{\mathcal{C}^\gamma([0,\,t_n])}\Delta t^{2(1+\gamma)}\right)^{\frac{1}{2}}$$

$$\leqslant C\left(N\Delta t\cdot\Delta t^{1+2\gamma}\|g\|^2_{\mathcal{C}^\gamma([0,\,T])}\right)^{\frac{1}{2}}$$

$$\leqslant CT^{\frac{1}{2}}\|g\|_{\mathcal{C}^\gamma([0,\,t_n])}\Delta t^{\frac{1}{2}+\gamma}。$$

式（5-11）证明完毕。

以下引理在证明解的性质方面至关重要，我们能够得到关于式（5-1）的解 u 的一些性质。

引理 5.2 设假设 5.1 满足 $\bar{K}(t):=\max(K(t),\,L(t))$, $t\in[0,\,T]$。对于任意 $0\leqslant s\leqslant t\leqslant T$ 和 $\frac{1}{2}<\alpha<1$，初值式（5-1）的解 u 满足

$$|u(t)-u(s)|\leqslant C\|\bar{K}\|_{L^4([0,\,T];\,\mathbb{R})}\left[1+\sup_{z\in[0,\,T]}|u(z)|\right]|t-s|^{\alpha-\frac{1}{2}}。 \tag{5-23}$$

证明：设 u 是式（5-1）的解，设 $0\leqslant s\leqslant t\leqslant T$ 是任意的。然后，从式（5-2）中，进一步推导出

$$|u(t)-u(s)| \leq \left| \left(u_0 + \frac{1}{\Gamma(\alpha)} \int_0^t (t-z)^{\alpha-1} f(z, u(z)) \mathrm{d}z \right) - \left(u_0 + \frac{1}{\Gamma(\alpha)} \int_0^s (s-z)^{\alpha-1} f(z, u(z)) \mathrm{d}z \right) \right|$$

$$= \left| \frac{1}{\Gamma(\alpha)} \int_0^t (t-z)^{\alpha-1} f(z, u(z)) \mathrm{d}z - \frac{1}{\Gamma(\alpha)} \int_0^s (s-z)^{\alpha-1} f(z, u(z)) \mathrm{d}z \right|$$

$$\leq \left| \frac{1}{\Gamma(\alpha)} \int_0^s \left[(t-z)^{\alpha-1} - (s-z)^{\alpha-1} \right] f(z, u(z)) \mathrm{d}z \right| + \left| \frac{1}{\Gamma(\alpha)} \int_s^t (t-z)^{\alpha-1} f(z, u(z)) \mathrm{d}z \right|$$

$$= I_1 + I_2。$$

对于 I_1,通过 Hölder 不等式和式（5-8）,得到

$$I_1^2 = \left| \frac{1}{\Gamma(\alpha)} \int_0^s \left[(t-z)^{\alpha-1} - (s-z)^{\alpha-1} \right] f(z, u(z)) \mathrm{d}z \right|^2$$

$$\leq \frac{1}{\Gamma^2(\alpha)} \int_0^s \left| (t-z)^{\alpha-1} - (s-z)^{\alpha-1} \right|^2 \mathrm{d}z \cdot \int_0^s \left| f(z, u(z)) \right|^2 \mathrm{d}z \quad (5-24)$$

$$\leq C \int_0^s \left| \int_s^t (w-z)^{\alpha-2} \mathrm{d}w \right|^2 \mathrm{d}z \cdot \int_0^s \left| \overline{K}(z)(1+|u(z)|) \right|^2 \mathrm{d}z。$$

接下来,我们描述如何有效地处理 $\int_s^t (w-z)^{\alpha-2} \mathrm{d}w$。对于 $0 < \epsilon < \frac{1}{2}$, $z \in [0, s]$ 和 $w \in [s, t]$,则有

$$\int_s^t (w-z)^{\alpha-2} \mathrm{d}w = \int_s^t (w-z)^{-\frac{1}{2}+\epsilon} \cdot (w-z)^{\alpha-\frac{3}{2}-\epsilon} \mathrm{d}w \leq C(s-z)^{-\frac{1}{2}+\epsilon} \cdot \int_s^t (w-z)^{\alpha-\frac{3}{2}-\epsilon} \mathrm{d}w$$

$$\leq C(s-z)^{-\frac{1}{2}+\epsilon} \cdot (w-z)^{\alpha-\frac{1}{2}-\epsilon} \Big|_{w=s}^{w=t},$$

由于 $a^\theta - b^\theta \leq (a-b)^\theta$,对于 $a > b > 0$ 和 $0 < \theta < 1$,可以得出

$$(w-z)^{\alpha-\frac{1}{2}-\epsilon} \Big|_{w=s}^{w=t} = (t-z)^{\alpha-\frac{1}{2}-\epsilon} - (s-z)^{\alpha-\frac{1}{2}-\epsilon} \leq C(t-s)^{\alpha-\frac{1}{2}-\epsilon}。$$

第 5 章 具有时间不规则系数的 Carathéodory 型方程随机节点方法的数学分析

则式（5-24）可以写成

$$I_1^2 \leq C\int_0^s \left|(s-z)^{-\frac{1}{2}+\epsilon} \cdot (t-s)^{\alpha-\frac{1}{2}-\epsilon}\right|^2 \mathrm{d}z \cdot \int_0^s \left|\bar{K}(z)(1+|u(z)|)\right|^2 \mathrm{d}z$$

$$\leq C(t-s)^{2\alpha-1-2\epsilon} \cdot \int_0^s (s-z)^{-1+2\epsilon} \mathrm{d}z \cdot \int_0^s \left|\bar{K}(z)(1+|u(z)|)\right|^2 \mathrm{d}z$$

$$\leq C(t-s)^{2\alpha-1-2\epsilon} \cdot s^{2\epsilon} \cdot \int_0^s \left|\bar{K}(z)(1+|u(z)|)\right|^2 \mathrm{d}z$$

$$\leq C(t-s)^{2\alpha-1-2\epsilon} \cdot T^{2\epsilon} \cdot \left(1+\sup_{z\in[0,T]}|u(z)|\right)^2 \int_0^s \bar{K}(z)^2 \mathrm{d}z$$

$$\leq C(t-s)^{2\alpha-1} \cdot \left(1+\sup_{z\in[0,T]}|u(z)|\right)^2 \left\|\bar{K}(z)\right\|_{L^2([0,T];\mathbb{R})}^2 \circ$$

对于 I_2，通过 Hölder 不等式，式（5-8）和 $\alpha > \frac{1}{2}$，得到

$$I_2^2 = \left|\frac{1}{\Gamma(\alpha)}\int_s^t (t-z)^{\alpha-1} f(z, u(z))\mathrm{d}z\right|^2 = \frac{1}{\Gamma^2(\alpha)}\left|\int_s^t (t-z)^{\alpha-1} f(z, u(z))\mathrm{d}z\right|^2$$

$$\leq \frac{1}{\Gamma^2(\alpha)}\int_s^t \left|(t-z)^{\alpha-1}\right|^2 \mathrm{d}z \cdot \int_s^t |f(z, u(z))|^2 \mathrm{d}z$$

$$\leq \frac{1}{\Gamma^2(\alpha)} \frac{(t-s)^{2\alpha-1}}{2\alpha-1} \int_s^t |f(z, u(z))|^2 \mathrm{d}z$$

$$\leq \frac{1}{\Gamma^2(\alpha)} \frac{(t-s)^{2\alpha-1}}{2\alpha-1} \int_0^T \mathbb{I}_{[s,t]}(z) \cdot \bar{K}^2(z) \cdot (1+|u(z)|)^2 \mathrm{d}z$$

$$\leq C(t-s)^{2\alpha-1}\left(1+\sup_{z\in[0,T]}|u(z)|\right)^2 \left(\int_0^T \mathbb{I}_{[s,t]}(z)^2 \mathrm{d}z\right)^{\frac{1}{2}} \left(\int_0^T \bar{K}^4(z)\mathrm{d}z\right)^{\frac{1}{2}}$$

$$\leq C(t-s)^{2\alpha-\frac{1}{2}}\left(1+\sup_{z\in[0,T]}|u(z)|\right)^2 \left\|\bar{K}(z)\right\|_{L^4([0,T];\mathbb{R})}^2 \circ$$

结合以上估计，我们得出结论

$$|u(t)-u(s)| \leq C(t-s)^{\alpha-\frac{1}{2}}\left(1+\sup_{z\in[0,T]}|u(z)|\right)^2 \|\bar{K}(z)\|_{L^4([0,T];\mathbb{R})}^2 \circ$$

到此证明了主要定理，它显示了误差估计的收敛速度。

定理 5.3 设 u 和 U^n 是（5-1）和（5-9）的解，其中 $(\alpha-1)p > -1$ 和 $\alpha \in \left(\dfrac{1}{2}, 1\right)$，对于任何 $t_n > 0$，以下估计成立

$$\left\| \max_{0 \leq n \leq N} |u(t_n) - U^n| \right\|_{L^p(\Omega)} \leq C \exp\left(\int_0^{t_n} \left[(t_n - s)^{\alpha-1} L(s)\right]^p \mathrm{d}s\right) \Delta t^{\alpha - \frac{1}{2}}。$$

此外，如果 g 和 L 对于某些 $\gamma \in (0, 1]$ 是 γ-Hölder 连续的，则存在

$$\left\| \max_{0 \leq n \leq N} |u(t_n) - U^n| \right\|_{L^p(\Omega)} \leq C \exp\left(\int_0^{t_n} \left[(t_n - s)^{\alpha-1} L(s)\right]^p \mathrm{d}s\right) \Delta t^{\alpha - \frac{1}{2} + \gamma}。$$

通过使用符号 $\xi_{j-1} = t_{j-1} + \tau_j \Delta t$，我们可以将方程表示如下

$$|u(t_n) - U^n| = \left| \frac{1}{\Gamma(\alpha)} \sum_{j=1}^n \int_{t_{j-1}}^{t_j} (t_n - s)^{\alpha-1} f(s, u(s)) - (t_n - \xi_{j-1})^{\alpha-1} f(\xi_{j-1}, U^{j-1}) \mathrm{d}s \right|$$

$$= \left| \frac{1}{\Gamma(\alpha)} \sum_{j=1}^n \int_{t_{j-1}}^{t_j} (t_n - s)^{\alpha-1} f(s, u(s)) - (t_n - \xi_{j-1})^{\alpha-1} f(\xi_{j-1}, u(\xi_{j-1})) \mathrm{d}s \right.$$

$$+ \frac{1}{\Gamma(\alpha)} \sum_{j=1}^n \int_{t_{j-1}}^{t_j} (t_n - \xi_{j-1})^{\alpha-1} \left[f(\xi_{j-1}, u(\xi_{j-1})) - f(\xi_{j-1}, u(t_{j-1})) \right] \mathrm{d}s$$

$$+ \left. \frac{1}{\Gamma(\alpha)} \sum_{j=1}^n \int_{t_{j-1}}^{t_j} (t_n - \xi_{j-1})^{\alpha-1} \left[f(\xi_{j-1}, u(t_{j-1})) - f(\xi_{j-1}, U^{j-1}) \right] \mathrm{d}s \right|$$

$$= |S_1^n + S_2^n + S_3^n| \leq |S_1^n| + |S_2^n| + |S_3^n|。$$

为了估算 S_3^n，我们使用式（5-6），则

$$|S_3^n| = \left| \frac{1}{\Gamma(\alpha)} \sum_{j=1}^n \int_{t_{j-1}}^{t_j} (t_n - \xi_{j-1})^{\alpha-1} \left[f(\xi_{j-1}, u(t_{j-1})) - f(\xi_{j-1}, U^{j-1}) \right] \mathrm{d}s \right|$$

$$\leq \frac{1}{\Gamma(\alpha)} \sum_{j=1}^n \int_{t_{j-1}}^{t_j} (t_n - \xi_{j-1})^{\alpha-1} L(\xi_{j-1}) \max_{0 \leq l \leq j-1} |u(t_l) - U^l| \mathrm{d}s。$$

取两边的最大值，得到

第 5 章　具有时间不规则系数的 Carathéodory 型方程随机节点方法的数学分析

$$\left\|\max_{0\leqslant n\leqslant N}\left|u(t_n)-U^n\right|\right\|_{L^P(\Omega)}$$

$$\leqslant \left\|\max_{1\leqslant n\leqslant N}\left|S_1^n\right|+\max_{1\leqslant n\leqslant N}\left|S_2^n\right|\right\|_{L^P(\Omega)}$$

$$+\frac{1}{\Gamma(\alpha)}\left\|\max_{1\leqslant n\leqslant N}\sum_{j=1}^n\int_{t_{j-1}}^{t_j}(t_n-\xi_{j-1})^{\alpha-1}L(\xi_{j-1})\max_{0\leqslant l\leqslant j-1}\left|u(t_l)-U^l\right|\mathrm{d}s\right\|_{L^P(\Omega)}$$

$$\leqslant\left\|\max_{1\leqslant n\leqslant N}\left|S_1^n\right|+\max_{1\leqslant n\leqslant N}\left|S_2^n\right|\right\|_{L^P(\Omega)}$$

$$+\frac{1}{\Gamma(\alpha)}\max_{1\leqslant n\leqslant N}\left\|\sum_{j=1}^n\int_{t_{j-1}}^{t_j}(t_n-\xi_{j-1})^{\alpha-1}L(\xi_{j-1})\max_{0\leqslant l\leqslant j-1}\left|u(t_l)-U^l\right|\mathrm{d}s\right\|_{L^P(\Omega)}。$$

同时，由于 $u(t_0)=U^0$，因此产生

$$\max_{1\leqslant n\leqslant N}\left\|\sum_{j=1}^n\int_{t_{j-1}}^{t_j}(t_n-\xi_{j-1})^{\alpha-1}L(\xi_{j-1})\max_{0\leqslant l\leqslant j-1}\left|u(t_1)-U^1\right|\mathrm{d}s\right\|_{L^P(\Omega)}^P$$

$$=\max_{1\leqslant n\leqslant N}\left\|\Delta t\sum_{j=1}^n(t_n-\xi_{j-1})^{\alpha-1}L(\xi_{j-1})\max_{0\leqslant l\leqslant j-1}\left|u(t_1)-U^1\right|\right\|_{L^P(\Omega)}^P$$

$$=\Delta t^P\max_{1\leqslant n\leqslant N}\left\|\sum_{j=1}^n(t_n-\xi_{j-1})^{\alpha-1}L(\xi_{j-1})\max_{0\leqslant l\leqslant j-1}\left|u(t_1)-U^1\right|\right\|_{L^P(\Omega)}^P$$

$$\leqslant\Delta t^P\max_{1\leqslant n\leqslant N}\left\|\left(\sum_{j=1}^n 1^q\right)^{\frac{1}{q}}\cdot\left(\sum_{j=1}^n\left[(t_n-\xi_{j-1})^{\alpha-1}L(\xi_{j-1})\atop\max_{0\leqslant l\leqslant j-1}\left|u(t_1)-U^1\right|\right]^P\right)^{\frac{1}{P}}\right\|_{L^P(\Omega)}^P$$

$$=\Delta t^P N^{\frac{P}{q}}\cdot\max_{1\leqslant n\leqslant N}\sum_{j=1}^n\left[(t_n-\xi_{j-1})^{\alpha-1}L(\xi_{j-1})\max_{0\leqslant l\leqslant j-1}\left|u(t_1)-U^1\right|\right]^P$$

$$= \Delta t^P N^{\frac{P}{q}} \cdot \max_{1 \leq n \leq N} \sum_{j=1}^{n} \mathrm{E}\left[\left(t_n - \xi_{j-1}\right)^{\alpha-1} L(\xi_{j-1})\right]^P$$

$$\left\|\max_{0 \leq l \leq j-1} |u(t_l) - U^l|\right\|_{L^P(\Omega)}^P$$

$$= \Delta t^P N^{\frac{P}{q}} \cdot \max_{1 \leq n \leq N} \sum_{j=1}^{n} \frac{1}{\Delta t}\int_{t_{j-1}}^{t_j}\left[\left(t_n - \xi_{j-1}\right)^{\alpha-1} L(\xi_{j-1})\right]^P \mathrm{d}s$$

$$\left\|\max_{0 \leq l \leq j-1} |u(t_l) - U^l|\right\|_{L^P(\Omega)}^P$$

注意，随机变量族$(\xi_j)_{j \in \mathbb{N}}$是独立的，并且$\xi_j$均匀分布在区间$[t_{j-1}, t_j]$，倒数第二个表达式利用了随机变量的独立性，因此

$$\left\|\max_{1 \leq n \leq N}|u(t_n) - U^n|\right\|_{L^P(\Omega)}^P \leq C\left\|\max_{1 \leq n \leq N}|S_1^n| + \max_{1 \leq n \leq N}|S_2^n|\right\|_{L^P(\Omega)}^P +$$

$$\frac{C}{\Gamma(\alpha)}\max_{1 \leq n \leq N}\left\|\sum_{j=1}^{n}\int_{t_{j-1}}^{t_j}(t_n - \xi_{j-1})^{\alpha-1} L(\xi_{j-1}) \max_{0 \leq l \leq j-1}|u(t_l) - U^l|\,\mathrm{d}s\right\|_{L^P(\Omega)}^P$$

$$\leq C\left\|\max_{1 \leq n \leq N}|S_1^n| + \max_{1 \leq n \leq N}|S_2^n|\right\|_{L^P(\Omega)}^P$$

$$\frac{C}{\Gamma(\alpha)}\Delta t^p N^{\frac{p}{q}}\sum_{j=1}^{n}\frac{1}{\Delta t}\int_{t_{j-1}}^{t_j}\left[(t_n - s)^{\alpha-1} L(s)\right]^P \mathrm{d}s \left\|\max_{0 \leq l \leq j-1}|u(t_l) - U^l|\right\|_{L^P(\Omega)}^P +$$

$$\leq C\left\|\max_{1 \leq n \leq N}|S_1^n| + \max_{1 \leq n \leq N}|S_2^n|\right\|_{L^P(\Omega)}^P +$$

$$C\sum_{j=1}^{n}\int_{t_{j-1}}^{t_j}\left[(t_n - s)^{\alpha-1} L(s)\right]^P \mathrm{d}s \left\|\max_{0 \leq l \leq j-1}|u(t_l) - U^l|\right\|_{L^P(\Omega)}^P。$$

借助 Gronwall 不等式，

$$\left\|\max_{0 \leq n \leq N}|u(t_n) - U^n|\right\|_{L^P(\Omega)}^P$$

$$\leq C\exp\left(\sum_{j=1}^{n}\int_{t_{j-1}}^{t_j}[(t_n - s)^{\alpha-1} L(s)]^P \mathrm{d}s\right) \cdot \left\|\max_{1 \leq n \leq N}|S_1^n| + \max_{1 \leq n \leq N}|S_2^n|\right\|_{L^P(\Omega)}^P$$

$$\leq C\exp\left(\int_0^{t_n}\left[(t_n - s)^{\alpha-1} L(s)\right]^P \mathrm{d}s\right) \cdot \left(\left\|\max_{1 \leq n \leq N}|S_1^n|\right\|_{L^P(\Omega)}^P + \left\|\max_{1 \leq n \leq N}|S_2^n|\right\|_{L^P(\Omega)}^P\right).$$

第5章 具有时间不规则系数的Carathéodory型方程随机节点方法的数学分析

对于 $\left\|\max_{1\leq n\leq N}|S_1^n|\right\|_{L^p(\Omega)}^p$，根据定理5.2和 $\|g\|_{L^p([0,\,t_n];\,\mathbb{R}^d)}^p < \infty$，我们推导出

$$\left\|\max_{1\leq n\leq N}|S_1^n|\right\|_{L^p(\Omega)}^p$$

$$\leq C \left\|\max_{1\leq n\leq N}\left|\sum_{j=1}^n \int_{t_{j-1}}^{t_j}(t_n-s)^{\alpha-1}f(s,\,u(s))-(t_n-\xi_{j-1})^{\alpha-1}f(\xi_{j-1},\,u(\xi_{j-1}))\mathrm{d}s\right|\right\|_{L^p(\Omega)}^p \quad (5-22)$$

$$\leq C T^{\frac{p-2}{2}} \|g\|_{L^p([0,\,t_n];\,\mathbb{R}^d)}^p \Delta t^{\frac{p}{2}}。$$

对于 $\left\|\max_{1\leq n\leq N}|S_2^n|\right\|_{L^p(\Omega)}^p$ 由引理5.2和式（5-6）得到

$$\left\|\max_{1\leq n\leq N}|S_2^n|\right\|_{L^p(\Omega)}^p$$

$$\leq C\left\|\max_{1\leq n\leq N}\left|\sum_{j=1}^n\int_{t_{j-1}}^{t_j}(t_n-\xi_{j-1})^{\alpha-1}\left[f(\xi_{j-1},\,u(\xi_{j-1}))-f(\xi_{j-1},\,u(t_{j-1}))\right]\mathrm{d}s\right|\right\|_{L^p(\Omega)}^p$$

$$\leq C\left\|\max_{1\leq n\leq N}\left|\sum_{j=1}^n\int_{t_{j-1}}^{t_j}(t_n-\xi_{j-1})^{\alpha-1}L(\xi_{j-1})|u(\xi_{j-1})-u(t_{j-1})|\mathrm{d}s\right|\right\|_{L^p(\Omega)}^p$$

$$\leq C\left\|\max_{1\leq n\leq N}\left|\sum_{j=1}^n\int_{t_{j-1}}^{t_j}(t_n-\xi_{j-1})^{\alpha-1}L(\xi_{j-1})(\tau_j\Delta t)^{\alpha-\frac{1}{2}}\mathrm{d}s\right|\right\|_{L^p(\Omega)}^p$$

$$\leq C\Delta t^{\left(\alpha-\frac{1}{2}\right)p}\max_{1\leq n\leq N}\left\|\sum_{j=1}^n\int_{t_{j-1}}^{t_j}(t_n-\xi_{j-1})^{\alpha-1}\mathrm{d}s\cdot L(\xi_{j-1})\tau_j^{\alpha-\frac{1}{2}}\right\|_{L^p(\Omega)}^p。$$

利用Hölder不等式和随机变量的独立性得到

$$C\Delta t^{\left(\alpha-\frac{1}{2}\right)p}\max_{1\leq n\leq N}\left\|\sum_{j=1}^n\int_{t_{j-1}}^{t_j}(t_n-\xi_{j-1})^{\alpha-1}\mathrm{d}s\cdot L(\xi_{j-1})\tau_j^{\alpha-\frac{1}{2}}\right\|_{L^p(\Omega)}^p$$

$$\leq C\Delta t^{\left(\alpha-\frac{1}{2}\right)p}\max_{1\leq n\leq N}\left\|\left[\sum_{j=1}^n\left(\int_{t_{j-1}}^{t_j}(t_n-\xi_{j-1})^{\alpha-1}\mathrm{d}s\right)^q\right]^{\frac{1}{q}}\cdot\left[\sum_{j=1}^n\left(L(\xi_{j-1})\tau_j^{\alpha-\frac{1}{2}}\right)^p\right]^{\frac{1}{p}}\right\|_{L^p(\Omega)}^p$$

$$\leqslant C\Delta t^{\left(\alpha-\frac{1}{2}\right)p} \max_{1\leqslant n\leqslant N}\left\{\left\|\left[\sum_{j=1}^{n}\left(\int_{t_{j-1}}^{t_j}(t_n-\xi_{j-1})^{\alpha-1}\mathrm{d}s\right)^q\right]^{\frac{1}{q}}\right\|_{L^p(\Omega)}^p \left\|\left[\sum_{j=1}^{n}\left(L(\xi_{j-1})\tau_j^{\alpha-\frac{1}{2}}\right)^p\right]^{\frac{1}{p}}\right\|_{L^p(\Omega)}^p\right\}_{\circ}$$

由于 $s\in(0,1)$, i.e., 即 $s^{\alpha-\frac{1}{2}}<1$ 得到

$$\left\|\left[\sum_{j=1}^{n}\left(L(\xi_{j-1})\tau_j^{\alpha-\frac{1}{2}}\right)^p\right]^{\frac{1}{p}}\right\|_{L^p(\Omega)}^p = \mathbb{E}\left|\sum_{j=1}^{n}\left[L(\xi_{j-1})\tau_j^{\alpha-\frac{1}{2}}\right]^p\right|$$

$$=\int_{-\infty}^{\infty}\left|\sum_{j=1}^{n}\left[L(t_{j-1}+s\Delta t)s^{\alpha-\frac{1}{2}}\right]^p\right|p(s)\mathrm{d}s$$

$$\leqslant C\int_0^1\sum_{j=1}^{n}\left\|\left[L(t_{j-1}+s\Delta t)s^{\alpha-\frac{1}{2}}\right]^p\right\|\mathrm{d}s = C\sum_{j=1}^{n}\int_0^1\left\|\left[L(t_{j-1}+s\Delta t)s^{\alpha-\frac{1}{2}}\right]^p\right\|\mathrm{d}s \quad (5-23)$$

$$\leqslant C\sum_{j=1}^{n}\int_0^1\left|L(t_{j-1}+s\Delta t)\right|^p\mathrm{d}s = C\Delta t^{-1}\sum_{j=1}^{n}\int_{t_{j-1}}^{t_j}|L(s)|^p\mathrm{d}s$$

$$=C\Delta t^{-1}\int_{t_0}^{t_n}|L(s)|^p\mathrm{d}s = C\Delta t^{-1}\|L\|_{L^p([t_0,t_n];\mathbb{R})}^p。$$

此外，通过选择 $(\alpha-1)p>-1$，可以得到

$$\left\|\left[\sum_{j=1}^{n}\left(\int_{t_{j-1}}^{t_j}(t_n-\xi_{j-1})^{\alpha-1}\mathrm{d}s\right)^q\right]^{\frac{1}{q}}\right\|_{L^p(\Omega)}^p$$

$$=\mathbb{E}\left|\sum_{j=1}^{n}\left(\int_{t_{j-1}}^{t_j}(t_n-\xi_{j-1})^{\alpha-1}\mathrm{d}s\right)^q\right|^{\frac{p}{q}} = \int_0^1\left|\sum_{j=1}^{n}\left(\int_{t_{j-1}}^{t_j}(t_n-(t_{j-1}+\eta\Delta t))^{\alpha-1}\mathrm{d}s\right)^q\right|^{\frac{p}{q}}\mathrm{d}\eta$$

$$=\int_0^1\left|\sum_{j=1}^{n}((t_n-(t_{j-1}+\eta\Delta t))^{\alpha-1}\Delta t)^q\right|^{\frac{p}{q}}\mathrm{d}\eta = \Delta t^p\int_0^1\left|\sum_{j=1}^{n}(t_n-t_{j-1}-\eta\Delta t)^{(\alpha-1)q}\right|^{\frac{p}{q}}\mathrm{d}\eta$$

$$\leqslant \Delta t^p\int_0^1\left|n(t_1-\eta\Delta t)^{(\alpha-1)q}\right|^{\frac{p}{q}}\mathrm{d}\eta \leqslant C\Delta t^p n^{\frac{p}{q}}。$$

第5章 具有时间不规则系数的Carathéodory型方程随机节点方法的数学分析

因此,

$$\left\|\max_{1\leq n\leq N}|S_2^n|\right\|_{L^p(\Omega)}^p$$

$$\leq C\Delta t^{\left(\alpha-\frac{1}{2}\right)p}\max_{1\leq n\leq N}\left\{\left\|\left[\sum_{j=1}^n\left(\int_{t_{j-1}}^{t_j}(t_n-\xi_{j-1})^{\alpha-1}\mathrm{d}s\right)^q\right]^{\frac{1}{q}}\right\|_{L^p(\Omega)}^p\cdot\left\|\left[\sum_{j=1}^n\left(L(\xi_{j-1})\tau_j^{\alpha-\frac{1}{2}}\right)^p\right]^{\frac{1}{p}}\right\|_{L^p(\Omega)}^p\right\}$$

$$\leq C\Delta t^{\left(\alpha-\frac{1}{2}\right)p}\max_{1\leq n\leq N}\Delta t^p n^{\frac{p}{q}}\cdot\Delta t^{-1}\|L\|_{L^p([0,T];\mathbb{R})}^p=C\Delta t^{\left(\alpha-\frac{1}{2}\right)p}\|L\|_{L^p([0,T];\mathbb{R})}^p\text{。}$$

最后,结合以上估计得到

$$\left\|\max_{0\leq n\leq N}|u(t_n)-U^n|\right\|_{L^p(\Omega)}^p$$

$$\leq C\exp\left(\sum_{j=1}^n\int_{t_{j-1}}^{t_j}\left[(t_n-s)^{\alpha-1}L(s)\right]^p\mathrm{d}s\right)\cdot\left\|\max_{1\leq n\leq N}|S_1^n|+\max_{1\leq n\leq N}|S_2^n|\right\|_{L^p(\Omega)}^p$$

$$\leq C\exp\left(\int_0^{t_n}\left[(t_n-s)^{\alpha-1}L(s)\right]^p\mathrm{d}s\right)\cdot\left(\left\|\max_{1\leq n\leq N}|S_1^n|\right\|_{L^p(\Omega)}^p+\left\|\max_{1\leq n\leq N}|S_2^n|\right\|_{L^p(\Omega)}^p\right)$$

$$\leq C\exp\left(\int_0^{t_n}\left[(t_n-s)^{\alpha-1}L(s)\right]^p\mathrm{d}s\right)\cdot$$

$$\left(C\cdot T^{\frac{p-2}{2}}\|g\|_{L^p([0,T];\mathbb{R}^d)}^p\Delta t^{\frac{p}{2}}+C\cdot\Delta t^{\left(\alpha-\frac{1}{2}\right)p}\|L\|_{L^p([0,T];\mathbb{R})}^p\right)$$

$$\leq C\exp\left(\int_0^{t_n}\left[(t_n-s)^{\alpha-1}L(s)\right]^p\mathrm{d}s\right)\Delta t^{\left(\alpha-\frac{1}{2}\right)p}\text{。}$$

接下来,如果g和L对一些$\gamma\in(0,1]$是γ-Hölder 连续的。使用式(5-11),对于结论,该方法是相似的,我们只需要改进式(5-25)中的估计。

$$\left\|\max_{1\leq n\leq N}|S_1^n|\right\|_{L^p(\Omega)}^p$$

$$\leq C\left\|\max_{1\leq n\leq N}\left|\sum_{j=1}^n\int_{t_{j-1}}^{t_j}(t_n-s)^{\alpha-1}f(s,u(s))-(t_n-\xi_{j-1})^{\alpha-1}f(\xi_{j-1},u(\xi_{j-1}))\mathrm{d}s\right|\right\|_{L^p(\Omega)}^p$$

$$\leq CT^{\frac{p}{2}}\|g\|_{C^\gamma([0,t_n];\mathbb{R}^d)}^p\Delta t^{\left(\frac{1}{2}+\gamma\right)p}\text{。}$$

139

根据不失一般性的假设，假设函数$L(t)$在闭区间$[a, b]$上是γ-Hölder连续的，存在$s \in [a, b]$和$r > 0$，使得$L(t)$的范围在以s为中心、半径为r的闭球内有限。也就是说，存在一个正数M，使得对于所有$x \in B_s(r) \cap [a, b]$，都有$|L(t)| \leq M$。指定一个常数$\gamma > 0$和$C > 2M/(b-a)^\gamma$。对于任意$x_1, x_2 \in [a, b]$，我们有$|L(x_1) - L(x_2)| < C|x_1 - x_2|^\gamma$，并且对于任意$x_1 \in [a, b]$，我们有$|L(x_1)| < \dfrac{2M}{(b-a)^\gamma}|x_1 - s|^\gamma + M \leq C|x_1 - s|^\gamma$。因此，我们可以得$|L(x_1)| < C|x_1 - x_2|^\gamma$，其中常数$C > 0$是一个特定的常数，其选择取决于$s, \gamma$的值。

在前面讨论的基础上，我们改进了式（5-26）的证明。

$$\left\| \left[\sum_{j=1}^{n} \left(L(\xi_{j-1}) \tau_j^{\alpha - \frac{1}{2}} \right)^2 \right]^{\frac{1}{p}} \right\|_{L^p(\Omega)}^p = \mathbb{E} \left| \sum_{j=1}^{n} \left[L(\xi_{j-1}) \tau_j^{\alpha - \frac{1}{2}} \right]^p \right| = \int_{-\infty}^{\infty} \left| \sum_{j=1}^{n} \left[L(t_{j-1} + s\Delta t) s^{\alpha - \frac{1}{2}} \right]^p \right| p(s) \mathrm{d}s$$

$$\leq C \int_0^1 \sum_{j=1}^{n} \left[\left| L(t_{j-1} + s\Delta t) s^{\alpha - \frac{1}{2}} \right|^p \right] \mathrm{d}s = C \sum_{j=1}^{n} \int_0^1 \left[\left| L(t_{j-1} + s\Delta t) s^{\alpha - \frac{1}{2}} \right|^p \right] \mathrm{d}s$$

$$\leq C \sum_{j=1}^{n} \int_0^1 \left| L(t_{j-1} + s\Delta t) \right|^p \mathrm{d}s = C \Delta t^{-1} \sum_{j=1}^{n} \int_{t_{j-1}}^{t_j} |L(s)|^p \, \mathrm{d}s$$

$$\leq C \Delta t^{-1} \sum_{j=1}^{n} \int_{t_{j-1}}^{t_j} \left[|L(s) - L(t_{j-1})|^p + |L(t_{j-1})|^p \right] \mathrm{d}s$$

$$\leq C \Delta t^{-1} \int_0^T \left[(\Delta t)^{\gamma p} + (\Delta t)^{\gamma p} \right] \mathrm{d}s \leq C \Delta t^{-1 + \gamma p}。$$

那么定理的最终形式如下

$$\left\| \max_{0 \leq n \leq N} |u(t_n) - U^n| \right\|_{L^p(\Omega)}^p$$

$$\leq C \exp\left(\int_0^{t_n} \left[(t_n - s)^{\alpha - 1} L(s) \right]^p \mathrm{d}s \right) \cdot \left(\left\| \max_{1 \leq n \leq N} |S_1^n| \right\|_{L^p(\Omega)}^p + \left\| \max_{1 \leq n \leq N} |S_2^n| \right\|_{L^p(\Omega)}^p \right)$$

$$\leq C \exp\left(\int_0^{t_n} \left[(t_n - s)^{\alpha - 1} L(s) \right]^p \mathrm{d}s \right) \cdot \left(T^{\frac{p}{2}} \|g\|_{C^\gamma([0, t_n]; \mathbb{R}^d)}^p \Delta t^{\left(\frac{1}{2} + \gamma\right)p} + C \cdot \Delta t^{\left(\alpha - \frac{1}{2} + \gamma\right)p} \|L\|_{L^p([0, T]; \mathbb{R})}^p \right)$$

$$\leq C \exp\left(\int_0^{t_n} \left[(t_n - s)^{\alpha - 1} L(s) \right]^p \mathrm{d}s \right) \Delta t^{\left(\alpha - \frac{1}{2} + \gamma\right)p}。$$

证毕。

5.4 数值结果和讨论

在本节中，我们将介绍几个数值实验来补充分析。

例5.1 考虑以下方程，该方程具有$t \in [0,1]$上的非连续系数函数。

$$\begin{cases} {}_C D^{\alpha}_{0,t} u(t) = g(t)u, \\ u(0) = 1, \end{cases}$$

在该条件下

$$g(t) = \begin{cases} \dfrac{t^{1-\alpha}}{(t+1)\Gamma(2-\alpha)}, & 0 \leq t < 0.5, \\ \dfrac{-t^{1-\alpha}}{(-t+1)\Gamma(2-\alpha)}, & 0.5 \leq t \leq 1。 \end{cases}$$

很容易看出，精确解是 $u(t) = \begin{cases} t+1, & 0 \leq t < 0.5, \\ -2t+2, & 0.5 \leq t < 1。 \end{cases}$

在这里，我们有一个跳跃点在 $t = 0.5$ 时，我们使用随机方案进行数值实验式（5-9）。域 $[0,1]$ 被划分为 $M = 20 \times 2^{i-1}$ ($i = 3, \cdots, 6$) 个等时子间隔，网格大小为 $\Delta t = \dfrac{1}{M}$。我们用 10 000 个独立样本进行蒙特卡罗模拟来逼近 $L2$ 范数的误差。

数值结果如表 5-4-1 所示，这些结果与定理 5.3 中的理论预测非常一致。为了可视化数值结果的逼近，图 5-4-1 展示了精确解和随机数值解，其中随机节点分别为 40，70 和 100。我们可以清楚地看到随机节点数量增加时，逼近效果会更好，当 $\alpha \to 1$ 时，收敛阶为 0.5，这与参考文献 [4] 中定理 4.7 的结论类似。代码设计灵感来源于参考文献 [16] 的 172 至 175 页。所有实验在配置为 Intel（R）Core（TM）i5-10210U、CPU 1.60GHz 和 8.00GB RAM 的计算机上使用 Matlab 2017a 进行。

表 5-4-1　$L_2(\Omega)$，$T=1$ 时的误差

α	$M=80$	$M=160$	$M=320$	$M=640$	rates
0.6	1.4879×10^{-2}	1.3880×10^{-2}	1.2944×10^{-2}	1.2066×10^{-2}	0.10136（0.10）
0.8	3.2945×10^{-2}	2.6741×10^{-2}	2.1689×10^{-2}	1.7567×10^{-2}	0.30408（0.30）
0.99	7.294×10^{-2}	5.1518×10^{-2}	3.6434×10^{-2}	2.5577×10^{-2}	0.50084（0.49）

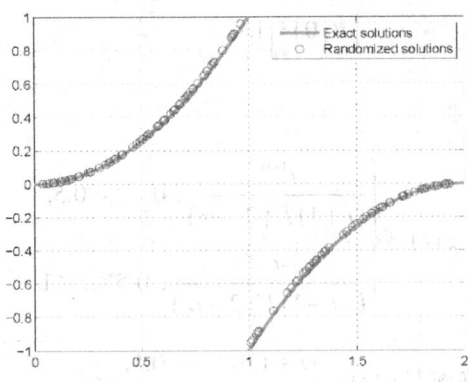

（a）随机节点为 40 的精确解和随机数值解

图 5-4-1　可视化数值结果逼近

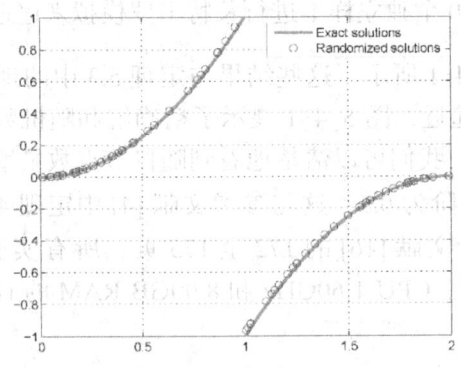

（b）随机节点为 70 的精确解和随机数值解

第 5 章 具有时间不规则系数的 Carathéodory 型方程随机节点方法的数学分析

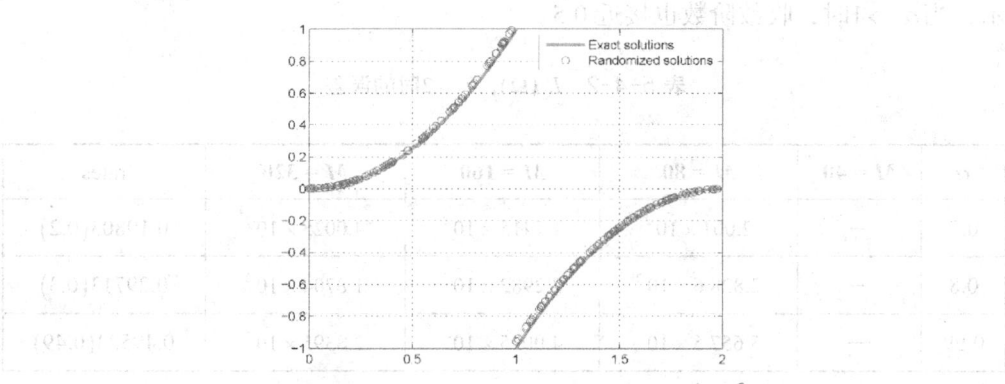

（c） 随机节点为 100 的精确解和随机数值解

图 5-4-1 可视化数值结果逼近

例 5.2 考虑以方程，该方程具有 $t \in [0, 2]$ 上的一个非连续有效函数。

$$\begin{cases} {}_C D_{0,t}^\alpha u(t) = g(t)u, \\ u(0) = 0, \end{cases}$$

在该条件下

$$g(t) = \begin{cases} \dfrac{2t^{2-\alpha}}{t^2 \Gamma(3-\alpha)}, & 0 \leqslant t < 1, \\ \left(\dfrac{-2t^{2-\alpha}}{\Gamma(3-\alpha)} + \dfrac{4t^{1-\alpha}}{\Gamma(2-\alpha)} \right) \dfrac{1}{-t^2+4t-4}, & 1 \leqslant t \leqslant 2_\circ \end{cases}$$

很容易看出，精确解是 $u(t) = \begin{cases} t^2, & 0 \leqslant t < 1, \\ -t^2+4t-4, & 1 \leqslant t < 2_\circ \end{cases}$

图 5-4-1 具有随机节点的精确解和随机数值解分别为 40，70 和 100。

这个问题的数值行为与例 5.1 非常相似（表 5-4-2），定义域 $[0,1]$ 被分成 $M = 20 \times 2^{i-1} (i = 2, \cdots, 5)$ 等时间子区间，网格尺寸 $\Delta t = \dfrac{1}{M}$。图 5-4-2 清楚地显示了随机节点的数值和精确解的近似情况，分别为 40、70 和 100，我们可以清楚地看到随机变量 $\tau \sim U(0,1)$ 几乎肯定阻止了在跳跃点评估 $g(t)$。这可能解释了随机化方法在中断点 $t=1$ 处产生的附加错误为零的事实。时间收敛阶数如表 5-4-2 所示,当 $\alpha \to 1$ 时,收敛阶数也接近 0.5。

表 5-4-2 $L_2(\Omega)$, $T = 2$ 时的误差

α	$M = 40$	$M = 80$	$M = 160$	$M = 320$	rates
0.7	—	2.001×10^{-2}	1.7415×10^{-2}	4.0025×10^{-2}	0.19803(0.2)
0.8	—	2.8286×10^{-2}	2.2982×10^{-2}	1.8704×10^{-2}	0.29713(0.3)
0.99	—	5.6575×10^{-2}	4.0025×10^{-2}	2.8395×10^{-2}	0.49523(0.49)

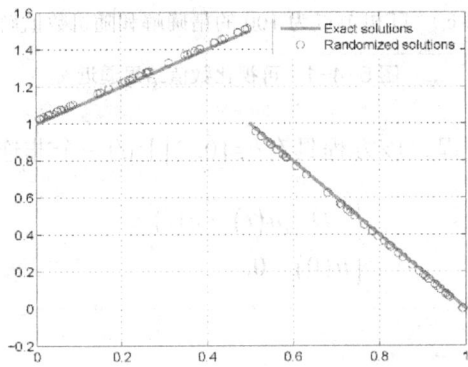

(a) 随机节点为 40 的数值和精确解的近似情况

图 5-4-2 随机节点的数值和精确解的近似情况

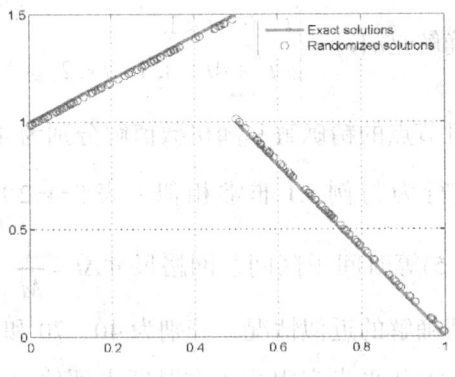

(b) 随机节点为 70 的数值和精确解的近似情况

第5章 具有时间不规则系数的Carathéodory型方程随机节点方法的数学分析

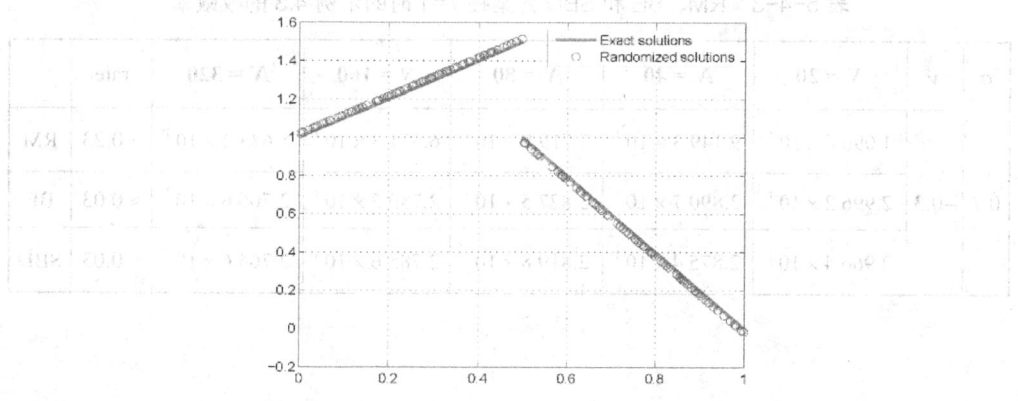

（c） 随机节点为100的数值和精确解的近似情况

图5-4-2 随机节点的数值和精确解的近似情况

图5-4-2具有随机节点的精确解和随机数值解分别为40，70和100。

例5.3 考虑以下具有$\alpha \in (0, 1)$和$t \in (0, T]$的分式方程，

$$\begin{cases} {}_C D_{0,t}^\alpha u(t) = f(t), \\ u(0) = 0, \end{cases}$$

式中，$f(t) = \dfrac{\Gamma(v+1)}{\Gamma(v+1-\alpha)} t^{v-\alpha}$。精确解为$\alpha - 1 < v < 0$。

对于$1 \leqslant n \leqslant N$，其中$\Delta t = T/N$，上述方程的现有修正后向欧拉（BE）和未修正的二阶后向微分（SBD）格式[13]由下式给出。

$$\Delta t^{-\alpha} \sum_{j=0}^{n} \sigma_j (u_{n-j} - u_0) = f(t_n),$$

式中，σ_j为$(1-\xi)^\alpha$或$\left(\dfrac{3}{2} - 2\xi + \dfrac{1}{2}\xi^2\right)^\alpha$的系数。误差$e_N = |U^N - u(T)|$公式速率$= \log_2\left(\dfrac{e_N}{e_{2N}}\right)$。BE和SBD的数据来源于参考文献[29]中的例5.1。表5-4-3所示的研究结果表明，与BE和SBD相比，随机方法（RM）表现出优越的性能。

表 5-4-3　RM、BE 和 SBD 方案在 $T=1$ 时的示例 4.3 的收敛率

α	v	$N=20$	$N=40$	$N=80$	$N=160$	$N=320$	rate	
0.7	-0.3	1.0906×10^{-1}	9.1493×10^{-1}	7.7198×10^{-1}	6.5713×10^{-1}	5.6332×10^{-1}	≈ 0.23	RM
		2.9962×10^{-1}	2.8907×10^{-1}	2.8275×10^{-1}	2.7895×10^{-1}	2.7666×10^{-1}	≈ 0.03	BE
		2.9664×10^{-1}	2.8754×10^{-1}	2.8198×10^{-1}	2.7856×10^{-1}	2.7646×10^{-1}	≈ 0.03	SBD

5.5　结　　论

本章致力于发展一种用于分数 Carathéodory 类型方程的随机化方法。我们选择 $(\xi_{j-1})_{j\in\mathbb{N}}$ 作为均匀分布 $U(t_{j-1}, t_j)$ 的随机变量，在滤波概率空间 $(\Omega_\tau, \mathcal{F}^\tau, i\mathbb{P}_\tau)$ 中，然后我们推导出 $L^p(\Omega; \mathbb{R}^d)$ 误差估计，其中这些估计适用于低正则性的情况，不假设函数 f 是可微的。数值结果被呈现以证明这些方法的效率。然而，需要注意，我们尚未实现随机节点方法的高阶格式。此外，将这种方法应用于空间-时间分数偏微分方程和随机演化方程仍未被探索。这些方面将成为未来研究工作的重点。

参考文献：

[1] Kelly W G，Peterson A C.Difference equations：an introduction with applications[M].San Diego，New York Basel：Academic Press，1991.

[2] Batiha I M,Alshorm S. Modified three-point fractional formulas with richardson extrapolation[J].Mathematics，2022，10（19）：3489.

[3] Hermann B.The numerical solution of weakly singular Volterra integral equations by collocation on graded meshes[J].Mathematics of Computation，1985，45（172）：417-437.

[4] Eisenmann M，Kovács M，Kruse R，et al.On a randomized backward euler method for nonlinear evolution equations with time-irregular coefficients[J]. Foundations of Computational Mathematics，2019，19（6）：1387-1430.

[5] Gower M R, Richtarik P, et al.Randomized iterative methods for linear systems[J].SIAM Journal on Matrix Analysis and Applications, 2015, 36（4）: 1660-1690.

[6] Martina H, Marvin K, Katharina S.Randomized exponential integrators for modulated nonlinear Schrödinger equations[J].IMA Journal of Numerical Analysis, 2020（4）: 2143-2162.

[7] Haber S.A modified Monte-Carlo quadrature[J].Mathematics of Computation, 1966（20）: 361-368.

[8] Haber S.A modified Monte-Carlo quadrature Ⅱ[J].Mathematics of Computation, 1967（21）: 388-397.

[9] Heinrich S, Milla B.The randomized complexity of initial value problems[J].Journal of Complexity, 2007, 24（2）: 77-88.

[10] Friz P K, Hairer M. A course on rough paths[M].Rheinfelden: Springer, Cham, 2014.

[11] Jentzen A, Neuenkirch A.A random Euler scheme for Carathéodory differential equations[J].Journal of Computational and Applied Mathematics, 2008, 224（1）: 346-359.

[12] Jin B, Lazarov R, ZHou Z, et al.An analysis of the L1 scheme for the subdiffusion equation with nonsmooth data[J].IMA Journal of Numerical Analysis, 2016, 36（1）: 197-221.

[13] Bangti J, Buyang L, Zhi Z.Correction of high-order BDF convolution quadrature for fractional evolution equations[J].SIAM Journal on Scientific Computing, 2017, 39（6）: A3129-A3152.

[14] Kacewicz B, Almost optimal solution of initial-value problems by randomized and quantum algorithms[J]. Complexity, 2006, 22（5）: 676-690.

[15] Kruse R, Wu Y.Error analysis of randomized Runge-Kutta methods for differential equations with time-irregular coefficients[J].Computational Methods in Applied Mathematics, 2017, 17（3）: 479-498.

[16] Lord J G, Powell E C, Shardlow T.An introduction to computational stochastic

PDEs[M].Cambridge: Cambridge University Press, 2014.

[17] Lv C, Xu C.Error analysis of a high order method for time-fractional diffusion equations[J].SIAM Journal on Scientific Computing, 2016, 38(5): A2699-A2724.

[18] Mao X.Stochastic differential equations and applications[M].Hong Kong: Horwood Publishing Limited, 1997.

[19] Melchers R E. Structural reliability: analysis and prediction[M].Manhattan: John Wiley & Sons Ltd, 2017.

[20] Richard K M, Alan F. Smoothness of solutions of Volterra integral equations with weakly singular kernels[J].SIAM Journal on Mathematical Analysis, 1971(2): 242-258.

[21] Metzler R, Klafter J.The random walk's guide to anomalous diffusion: a fractional dynamics approach[J].Physics Reports, 2000, 339(1): 1-77.

[22] Nikan O, Avazzadeh Z, Machado J A T. Numerical study of the nonlinear anomalous reaction-subdiffusion process arising in the electroanalytical chemistry[J].Journal of Computational Science, 2021(53): 101394.

[23] Przybyłowicz P, Morkisz P.Strong approximation of solutions of stochastic differential equations with time-irregular coefficients via randomized Euler algorithm[J].Applied Numerical Mathematics, 2014(78): 80-94.

[24] Podlubny I. Fractional differential equations[M].New York: Academic Press, 1999.

[25] Stengle G.Numerical methods for systems with measurable coefficients[J].Applied Mathematics Letters, 1990(3): 25-29.

[26] Stengle G.Error Analysis of a randomized numerical method[J].Numerische Mathematik, 1995(70): 119-128.

[27] Martin S, Eugene O, Luis J G.Error analysis of a finite difference method on graded meshes for a time-fractional diffusion equation[J].SIAM Journal on Numerical Analysis, 2017, 55(2): 1057-1079.

第 5 章　具有时间不规则系数的 Carathéodory 型方程随机节点方法的数学分析

[28] Yan Y B, Monzorul K, Ford J N.An analysis of the modified L1 scheme for time-fractional partial differential equations with nonsmooth data[J].SIAM Journal on Numerical Analysis, 2018, 56（1）: 210-227.

[29] Han Z, Tian W Y. Two time-stepping schemes for sub-diffusion equations with singular source terms[J].Journal of Scientific Computing, 2022, 92（2）: 1-26.

第6章 半线性随机次扩散问题有限元分析中温和解的连续性分析

6.1 序 言

分数阶微积分因其在科学和工程的各个领域的潜在应用而受到越来越多的关注。然而，分数阶微积分的研究主要集中在确定性方程上，使用确定性或概率性的方法。这种方法限制了对真实现象的建模，其中传播速度可以是有限的，因为热流可以被材料响应干扰。相比之下，经典热方程假设热流速度无限。最近的研究表明，具有热记忆的材料可以表现出有限的热流速度[2]。这是由于在分数阶导数的定义中的卷积项和积分，这意味着更近的过去对现在有更大的影响。此外，如果材料的内能受到过去的随机缺陷的影响，它可以被建模为部分积分的相加噪声，表示为 $_0I_t^\gamma \dot{W}(t)$ 使用经典的维纳过程。这里 $_0I_t^\gamma u$（或 $_{RL}D_{0,t}^{-\gamma}u$）表示由所定义的函数 u 的 γ 阶的黎曼-刘维尔分数式积分，即

$$_0I_t^\gamma u(t) \equiv {_{RL}D_{0,t}^{-\gamma}} u(t) = \frac{1}{\Gamma(\gamma)} \int_0^t (t-\sigma)^{\gamma-1} u(\sigma) \mathrm{d}\sigma。$$

本书研究了部分积分加性噪声驱动的时间分数半线性随机部分周向方程，

$$\begin{cases} {_cD_{0,t}^\alpha} u(t) + Au(t) = f(u(t)) + {_0I_t^\gamma}\dot{W}(t), 0 < t \leqslant T, \\ u(0) = u_0, \end{cases} \quad (6\text{-}1)$$

式中，$0 < \alpha < 1$，$0 \leqslant \gamma \leqslant 1$，$A = -\Delta$ 是具有域 $D(A) = H^2(D) \cap H_0^1(D)$ 的希尔伯特空间

第6章 半线性随机次扩散问题有限元分析中温和解的连续性分析

上一个自伴随的正定，不一定有界算子，其中 $D \subset \mathbb{R}^d$, $d=1, 2, 3$ 表示一个有界的凸多边形域。这里的 $\dot{W}(t) = \dfrac{\mathrm{d}W(t)}{\mathrm{d}t}$ 表示白噪声，时间的分数阶导数 ${}_C D_{0,t}^{\alpha} u(t)$ 阶为 $\alpha (0, 1)$ 的 u 定义为[12]

$$_C D_{0,t}^{\alpha} u(t) = \frac{1}{\Gamma(1-\alpha)} \int_0^t (t-\sigma)^{-\alpha} \frac{\partial u}{\partial \sigma} \mathrm{d}\sigma$$

式中，Γ 为 Gamma 函数。

近年来，分数阶偏微分方程的数值解已成为一个重要的研究热点。这是因为这类方程的解析表达式通常难以获得，促使研究人员转而探索数值方法。分数算子中奇异卷积核的存在使求解过程进一步复杂化。为了应对这一挑战，近年来出现了大量卓越的数学技术和创新方法。这些技术不仅在理论研究中起着至关重要的作用，而且在实际应用中也显示出巨大的潜力。例如，采用双约简阶和新构造的非线性紧致差分算子来模拟梯度网格上的非局部问题的新技术[13]。也有研究人员[15]设计了一种保守的、保正的非线性有限体积格式，适用于使用扭曲网格的多项非局部 Nagumotype 方程。此外，文献[16]提出了一种专为具有悬挂节点的非协调四边形扭曲网格上的亚扩散方程量身定制的保正有限体积格式。此外，文献[20]讨论了具有弱奇异核的三维非局部演化方程的数值解。

许多研究者也致力于研究求解随机部分周向方程的技术。我们鼓励有兴趣的读者去探索在这一领域的进一步研究[5, 6, 14, 17]。在之前的研究中，我们的研究重点是随机次模糊问题的 L1 方案的弱收敛分析，以及利用谱方法对随机半线性次模糊和部分积分加性噪声[8-9]驱动的超模糊方程的强逼近。在本章中，我们将深入研究该模型中的非平滑数据的分析。值得注意的是，我们的模型问题（6-1），与在文献[6, 14]中研究的公式相比，表现出更大的通用性，并需要参与三个不同的 Mittag-Leffler 解算子 $\left[E(t), \bar{E}(t) \text{ 和 } \tilde{E}(t) \right]$，由于存在时间分数阶导数和分数阶积分的加性噪声。

在应用黎曼-刘维尔导数算子时 ${}_{RL}D_{0,t}^{1-\alpha} := ({}_0 I_t^{\alpha})'$ 在(1.1)的两侧，在形式上，它等价于一个半线性分数式沃尔泰拉型演化方程

$$\mathrm{d}u(t) + {}_{RL}D_{0,t}^{1-\alpha} A u(t) \mathrm{d}t = {}_{RL}D_{0,t}^{1-\alpha} f(u(t)) \mathrm{d}t + {}_{RL}D_{0,t}^{1-\alpha-\gamma} \mathrm{d}W(t) \qquad (6\text{-}2)$$

因此，可以用文献[1]的方法证明一个温和解 u 的存在唯一性。类似地，即使只有在某些假设下，可以通过一个标准的巴拿赫不动点进行论证。

本章的主要贡献如下。

（1）介绍了分数积分加性噪声驱动的半线性随机次扩散问题的有限元分析。它探索了解的光滑性，并采用复杂的积分技术来近似解算子在非光滑数据下的误差。

（2）建立了温和解的连续性条件，揭示了温和解在处理非光滑数据时的行为和规律性。我们通过数值例子准确地证明了分数参数和对收敛率的影响，为理解这些参数的敏感性和依赖性提供了有价值的见解。

6.2　前期准备工作

已知在齐次 Dirichlet 边界条件下，如果 $A=-\nabla^2$，则有 $A\varphi_k=\lambda_k\varphi_k$，$k\in\mathbb{N}$，其中 $0<\lambda_1\le\lambda_2\le\cdots\le\lambda_k\le\cdots$，$\lim\limits_{k\to\infty}\lambda_k=\infty$。设 $H=L_2(D)$ 是一个具有内积 $(\cdot,\cdot)$ 和范数 $\|\cdot\|$ 的可分希尔伯特空间，设 $(\Omega,\mathcal{F},\mathbb{P},\{F_t\}_{t\ge0})$ 是一个滤波概率空间，Bochner 空间 $L_p(\Omega;H)=L_p((\Omega,\mathcal{F},\mathbb{P});H)$。

设 E 表示期望（相对于 P）我们回想起一个抽象框架来更精确地描述模型（6-1）中的噪声 $W(t)$。带有协方差算子 Q 的维纳过程 $W(t)$ 可以用傅里叶型级数表示如下：

$$W(t)=\sum_{k=1}^{\infty}\mu_k^{\frac{1}{2}}\varphi_k\beta_k(t) \qquad (6-3)$$

其中，Q 是 H 上一个有界、线性、自伴随的正定算子，具有特征值和特征函数 $\{(\mu_k,\varphi_k)\}_{k=1}^{\infty}$。$\{\beta_k(t)\}_{k=1}^{\infty}$ 这是一个独立的和相同的序列分布的标准布朗运动。

对于任何 $v\in\mathbb{R}$，我们引入空间 $\dot{H}^v(D)=D\left(A^{\frac{v}{2}}\right)$，与规范 $|v|_v^2=\left\|A^{\frac{v}{2}}v\right\|^2=\sum_{k=1}^{\infty}\lambda_k^v(v,\varphi_k)^2$，其中是 H 中的标准正交基。

第6章 半线性随机次扩散问题有限元分析中温和解的连续性分析

设 $L = L(H)$ 表示 H 和 L 上所有有界线性算子的空间 $\mathcal{L}_2^0 = HS\left(Q^{\frac{1}{2}}(H), H\right)$ 是 Hilbert-Schitt 算子从的空间,$Q^{\frac{1}{2}}(H)$ 到 H

$$\mathcal{L}_2^0 = \left\{ T \in \mathcal{L}(H): \sum_{k=1}^{\infty} \| TQ^{\frac{1}{2}} \varphi_k \|^2 < \infty \right\},$$

配备标准 $\| T \|_{\mathcal{L}_2^0}^2 = \sum_{k=1}^{\infty} \| TQ^{\frac{1}{2}} \varphi_k \|^2$,因此 $\| T \|_{\mathcal{L}_2^0} = \| TQ^{\frac{1}{2}} \|_{HS} < \infty$,$T \in \mathcal{L}_2^0$

我们还需要回忆一下伯克霍尔德-戴维斯-冈迪不等式[11],对于 $p \geq 2$

$$\left\| \int_0^t \phi(\sigma) \mathrm{d}W(\sigma) \right\|_{L_p(\Omega; H)} \leq C_p \left\| \left(\int_0^t \| \phi(\sigma) \|_{\mathcal{L}_2^0}^2 \mathrm{d}\sigma \right)^{\frac{1}{2}} \right\|_{L_p(\Omega; \mathbb{R})}, \quad (6-4)$$

对于强可测量的函数 $\phi: [0, T] \to \mathcal{L}_2^0$。需要强调的是,当 $p = 2$ 是 Itô 等距时。

利用时间分数 Duhamel 原理和拉普拉斯变换,我们可以得到(6-1)的温和解如下

$$u(t) = E(t)u_0 + \int_0^t \bar{E}(t-\sigma)f(u(\sigma))\mathrm{d}\sigma + \int_0^t \tilde{E}(t-\sigma)\mathrm{d}W(\sigma), \quad \mathbb{P}\text{-a.s.} \quad (6-5)$$

得到

$$E(t) := E_{\alpha, 1}(-t^{\alpha} A), \quad (6-6)$$

$$\bar{E}(t) := t^{\alpha-1} E_{\alpha, \alpha}(-t^{\alpha} A), \quad (6-7)$$

$$\tilde{E}(t) := t^{\alpha+\gamma-1} E_{\alpha, \alpha+\gamma}(-t^{\alpha} A)。 \quad (6-8)$$

Mittag-Leer 类型的两个参数函数在分数阶微积分[5]中起着非常重要的作用。我们回顾 Mittag-Leer 函数的以下重要特性。

引理 6.1 设 $0 < \alpha < 2$ 和 $\beta \in \mathbb{R}$ 是任意的,并且 $\frac{\pi\alpha}{2} < \mu < \min(\pi, \alpha\pi)$ 然后存在一个常数的 $C = C(\alpha, \beta, \mu)$,

$$|E_{\alpha,\beta}(z)| \leq \begin{cases} C(1+|z|)^{-1}, & \beta-\alpha \notin \mathbb{Z}^-, \\ C(1+|z|)^{-2}, & \beta-\alpha \in \mathbb{Z}^-, \end{cases} \mu \leq \arg(z) \leq \pi, \quad (6\text{-}9)$$

式中，符号 $\mathbb{Z}^-$ 表示非正整数的集合，$\mathbb{Z}^- = \{0, -1, -2, \cdots\}$。

在整个过程中，我们总是对分数阶 α 和 γ 作出以下假设，以确保方程（1.1）的适性（见文献 [2, 5]）。

假设 6.1 $0 < \alpha < 1, 0 \leq \gamma \leq 1, \alpha + \gamma > \dfrac{1}{2}$

基于假设 6.1，对于 $\beta \subset (0, \kappa]$，噪声的正则性可以表征如下，见引理 A.1[5]。

$$\left\| A^{\frac{\beta-\kappa}{2}} \right\|_{\mathcal{L}_2^0} = \left\| A^{\frac{\beta-\kappa}{2}} Q^{\frac{1}{2}} \right\|_{HS} \leq C \quad (6\text{-}10)$$

得到（与"$\varepsilon > 0$ 很小"）

$$\kappa = \begin{cases} 2, & \dfrac{1}{2} < \gamma < 1, \\ 2-\varepsilon, & \gamma = \dfrac{1}{2}, \\ 2 - \dfrac{1-2\gamma}{\alpha} - \varepsilon, & 0 \leq \gamma < \dfrac{1}{2}. \end{cases} \quad (6\text{-}11)$$

现在我们陈述算子 $E(t)$ $\bar{E}(t)$ 和 $\tilde{E}(t)$ 的平滑性质。

引理 6.2 对于 $t > 0$，我们有

$$\| A^s E(t) \| \leq C t^{-\alpha s}, \quad s \in [0, 1], \quad (6\text{-}12)$$

$$\| A^{-s} \dot{E}(t) \| \leq C t^{\alpha s - 1}, \quad s \in [0, 1], \quad (6\text{-}13)$$

$$\| A^s \bar{E}(t) \| \leq C t^{(1-s)\alpha - 1}, \quad s \in [0, 1], \quad (6\text{-}14)$$

$$\| A^{-s} \dot{\bar{E}}(t) \| \leq C t^{\alpha - 2}, \quad s \geq 0, \quad (6\text{-}15)$$

$$\| A^s \tilde{E}(t) \| \leq C t^{(1-s)\alpha + \gamma - 1}, \quad s \in [0, 1], \quad (6\text{-}16)$$

$$\|A^{-s}\dot{\tilde{E}}(t)\| \leqslant Ct^{\alpha+\gamma-2}, \ s \geqslant 0_\circ \tag{6-17}$$

证明：我们只证明式（6-15），其他的结论可以用类似的方法得到。由引理 6.1，则有

$$\|A^{-s}\dot{\tilde{E}}(t)\| = \|A^{-s}t^{\alpha-2}E_{\alpha,\ \alpha-1}(-At^{\alpha})\| \leqslant \sup_{\lambda>0,\ t\geqslant 0}\frac{\lambda^{-s}t^{\alpha-2}}{(1+t^{\alpha}\lambda)^2} \leqslant Ct^{\alpha-2}_\circ$$

设毕。

备注 6.1 总体来说，相应的结论是热半群的平滑性质，当 $\alpha \to 1$ 和 $\gamma \to 0$，请参见文献 [17]。

在非线性偏周向方程的定性理论中，后续的格朗沃尔不等式对误差估计起着非常重要的作用。

引理 6.3[3] 让 $T > 0$，N 为正整数，$k = \dfrac{T}{N}$，和 $t_n = nk$ 为 $0 \leqslant n \leqslant n$。如果 $\zeta_1, \cdots, \zeta_N \geqslant 0$，并且 $M_0, M_1 \geqslant 0$ 和 $\mu, \nu > 0$ 是不等式

$$\zeta_n \leqslant M_0(1+t_n^{-1+\mu}) + M_1 k \sum_{j=1}^{n-1} t_{n-j}^{-1+\nu}\zeta_j, \ \text{P} \leqslant n \leqslant N,$$

其中常数满足 $M_2 = M_2(\mu, \nu, M_1, T)$，$\xi_n \leqslant M_0 M_2(1+t_n^{-1+\mu})$，$1 \leqslant n \leqslant N$。

模拟假设 2.14。如文献 [7] 所述。让 $\mathcal{P}_T$ 是可预测的随机过程的场，$\mathcal{B}(S)$ 的波雷尔场。鉴于 σ 可用的选择，我们将对非线性部分作出一些合理的假设。

假设 6.2 映射 $f: [0, T] \times \Omega \times H \to \dot{H}^{-1}$，$f(t, \omega, h) \to f(t, \omega, h)$ 为 $\mathcal{P}_T \times \mathcal{B}(H) / \mathcal{B}(\dot{H}^{-1})$ 可量度的，当 $\delta \in \left(0, \dfrac{1}{2}\right)$ 时，存在一个常数 C 满足以下表达式

$$\|f(t_1, \omega, h) - f(t_2, \omega, h)\|_{-1} \leqslant C(1+\|h\|)(t_2-t_1)^{\delta}_\circ \tag{6-18}$$

其中对于所有的 $h \in H$，$0 \leqslant t_1 \leqslant t_2 \leqslant T$，$\omega \in \Omega_\circ$

6.3 随机问题的非光滑数据分析

在本节中，我们提出了基于指数欧拉型方法的空间离散和时间离散的伽辽金有限元方法。让 $\mathcal{T}_h$ 是域 D 的形状正则准均匀三角剖分，设 $S_h \subset H_0^1(D)$ 是三角测量 $\mathcal{T}_h$ 上连续分段线性函数的空间 h，我们定义了 L2 投影 $P_h: H \to S_h$ 通过

$$(P_h u, \chi) = (u, \chi), \quad \chi \in S_h, \tag{6-19}$$

和丽兹投影 $R_h: H_0^1 \to S_h$ 通过

$$a(R_h u, \chi) = a(u, \chi), \quad \chi \in S_h,$$

式中，$a(R_h u, \chi) = a(u, \chi), \chi \in S_h$ 为相关的双线性形式。

请注意，通过将（6-19）的右侧解释为 H 之间的对偶配对 $\dot{H}^1(D)$ 和 $\dot{H}^{-1}(D)$，可以扩展 P_h 是 H 中的一个有界算子 $\dot{H}^1(D)$ 到 S_h。众所周知，算符 P_h 和 R_h 具有以下的近似性质。

引理 6.4 P_h 和 R_h 满足

$$\|P_h u - u\| + h\|\nabla(P_h u - u)\| \leq Ch^q |u|_q, \quad u \in \dot{H}^q, \ q = 1, 2,$$
$$\|R_h u - u\| + h\|\nabla(R_h u - u)\| \leq Ch^q |u|_q, \quad u \in \dot{H}^q, \ q = 1, 2。$$

（6.1）的半离散伽辽金有限元格式是求 $u_h(t) \in S_h$ 到这样的程度

$$\begin{aligned} &{}_c D_{0,t}^\alpha u_h(t) + A_h u_h(t) = P_h f(u_h(t)) + {}_0 I_t^\gamma P_h \dot{W}(t), 0 < t \leq T, \\ &u_h(0) = P_h u_0, \end{aligned} \tag{6-20}$$

离散拉普拉斯式 A_h 定义为

$$A_h : S_h \to S_h, \ (A_h \psi, \chi) = a(\psi, \chi), \forall \psi, \chi \in S_h。$$

自然地，我们给出了算子 E 的离散类似物 $E_h(t)$，$\bar{E}_h(t)$ 和 $\tilde{E}_h(t)$ 如下所示

$$E_h(t) := E_{\alpha,1}(-t^\alpha A_h), \tag{6-21}$$

$$\bar{E}_h(t) := t^{\alpha-1} E_{\alpha,\alpha}(-t^\alpha A_h), \tag{6-22}$$

第 6 章 半线性随机次扩散问题有限元分析中温和解的连续性分析

$$\tilde{E}_h(t) := t^{\alpha+\gamma-1} E_{\alpha,\,\alpha+\gamma}(-t^\alpha A_h)。 \tag{6-23}$$

$$U_h^m = E_h(t_m) P_h u_0 + \sum_{j=0}^{m-1} \int_{t_j}^{t_{j+1}} \overline{E}_h(t_m - \sigma) \mathrm{d}\sigma \big(P_h F(U_h^j)\big) + \int_0^{t_m} \tilde{E}_h(t_m - \sigma) P_h \mathrm{d}W(\sigma), \tag{6-24}$$

初始值为 $U_h^m = P_h u_0$。

下面我们介绍并证明一些以后将发挥重要作用的引理。

引理 6.5 $0 \leqslant \omega \leqslant \mu \leqslant 2$,对于 $\alpha \in (0,1)$,存在 C

$$\left\|(E(t) - E_h(t)P_h)v\right\| \leqslant Ch^\mu t^{-\alpha\frac{\mu-\omega}{2}} \|v\|_\omega, \qquad v \in \dot{H}^\omega。$$

现在我们转向半离散情况下 $E(t)_g$,$g \in H$ 近似的非光滑数据误差估计。

引理 6.6 让 $0 \leqslant s \leqslant 1$ 和 $0 \leqslant r \leqslant 2$ 与 $r+s \leqslant 2$。对于 $g \in H$,有保持

$$\left\| A^{\frac{s}{2}} \big[\overline{E}(t) - \overline{E}_h(t) P_h\big] g \right\| \leqslant Ch^{2-s-r} t^{\frac{\alpha r}{2}-1} \|g\|。 \tag{6-25}$$

证明:在 $s=0$ 的情况下,通过拉普拉斯变换,对于任何给定的 $g \in H$,我们有

$$\overline{E}(t)g = \frac{1}{2\pi \mathrm{i}} \int_{\Gamma_{\theta,\delta}} \mathrm{e}^{zt} (z^\alpha + A)^{-1} g \mathrm{d}z, \tag{6-26}$$

$$\overline{E}_h(t) P_h g = \frac{1}{2\pi \mathrm{i}} \int_{\Gamma_{\theta,\delta}} \mathrm{e}^{zt} (z^\alpha + A_h)^{-1} P_h g \mathrm{d}z。 \tag{6-27}$$

其中 $\Gamma_{\theta,\delta}^\tau = \left\{ z \in \Gamma_{\theta,\delta} : |\Im z| \leqslant \frac{\pi}{\tau} \right\}$,并且 $\Gamma_{\theta,\delta} = \{z \in \mathbb{C}: z = r\mathrm{e}^{\pm \mathrm{i}\theta}, r \geqslant \delta\} \cup \{z \in \mathbb{C}: z = \delta \mathrm{e}^{\mathrm{i}\phi}, |\phi| \leqslant \theta\}$,$\frac{\pi}{2} < \theta < \pi, \frac{\pi}{\tau} > \delta$。

让我们先证明式(6-25)。对于任何固定的 $g \in H$,根据式(6-26)和式(6-27),

$$\left\|\big(\overline{E}(t) - \overline{E}_h(t) P_h\big)g\right\| \leqslant C \int_{\Gamma_{\theta,\delta}} \mathrm{e}^{\Re(z)t} \left\|\big((z^\alpha + A)^{-1} - (z^\alpha + A_h)^{-1} P_h\big)g\right\| |\mathrm{d}z|。$$

由文献 [4] 中的 P820 页,$\left\|\big((z^\alpha + A)^{-1} - (z^\alpha + A_h)^{-1} P_h\big)g\right\| \leqslant Ch^2 \|g\|$,$\forall z \in \Gamma_{\theta,\delta}$,可以得到

$$\|(\bar{E}(t)-\bar{E}_h(t)P_h)g\| \leqslant Ch^2\|g\| \left(\int_{\{z\in\mathbb{C}:z=\delta e^{i\phi},|\phi|\leqslant\theta\}}+\int_{\{z\in\mathbb{C}:z=re^{\pm i\theta},r\geqslant\delta\}}\right)e^{\Re(z)t}|\,\mathrm{d}z|$$
$$= I + II_\circ$$

对于 I, 用 $z=\delta e^{\phi}$, $\delta=t^{-1}$, 其中 $t^{-1}<\dfrac{\pi}{\tau}$, 对于小 τ,

$$I\leqslant Ch^2\|g\|\int_{-\theta}^{\theta}e^{t\delta\cos\phi}\delta\mathrm{d}\phi\leqslant Ch^2\|g\|\,\delta\int_{-\theta}^{\theta}e^{\cos\phi}\mathrm{d}\phi\leqslant Ch^2 t^{-1}\|g\|$$

对于 II, $z=re^{\pm i\theta}$, $r\geqslant\delta$, $\delta=t^{-1}$,

$$II\leqslant Ch^2\|g\|\int_{\delta}^{\infty}e^{tr\cos\theta}dr\leqslant Ch^2\|g\|\int_{t^{-1}}^{\infty}e^{-ctr}dr\leqslant Ch^2\|g\|\,t^{-1}\int_{c}^{\infty}e^{-x}\mathrm{d}x\leqslant Ch^2 t^{-1}\|g\|,$$

式中，C 为一个合适的正常数。

同时，通过（6-14）和三角形不等式，

$$\|[\bar{E}(t)-\bar{E}_h(t)P_h]g\|\leqslant Ct^{\alpha-1}\|g\|_\circ$$

同样地，对于 $s=1$, 则有

$$\|A^{\frac{s}{2}}[E(t)-E_h(t)P_h]g\|\leqslant Ch^{2-s-r}t^{\frac{\alpha r}{2}+\gamma-1}\|g\|.$$

下面结合插值性质可完成全部证明。

给出了对 $\tilde{E}(t)$ 的误差估计，更多的细节可以在 [5] 的引理 4.4 中找到。

引理 6.6 让 $0\leqslant\leqslant 1$ 和 $0\leqslant r\leqslant 2$ 与 $r+\leqslant 2$。对于 $g\in H$, 有保持

$$\|A^{\frac{s}{2}}[E(t)-E_h(t)P_h]g\|\leqslant Ch^{2-s-r}t^{\frac{\alpha r}{2}+\gamma-1}\|g\|_\circ \tag{6-28}$$

基于前面的讨论，我们已经准备好证明完全离散近似的误差估计。

定理 6.1 对于 $0\leqslant r\leqslant 2$ 和 $r\alpha+2\gamma>1$, 通过假设 6.1 和假设 6.2, 使用 $v2[0,$ $\beta)$, $\beta2(0,\kappa]$, $\alpha+\gamma\in\left(\dfrac{1}{2},1\right)$ 和 $\alpha(2-\kappa+\beta-v)+2\gamma-1\in(0,1)$, 然后就有了

$$\sup_{t_m\in[0,T]}\|u(t_m)-U_h^m\|_{L_2(\Omega;H)}\leqslant C\left(h^{(2-r)\alpha}+h^{2-r}\max\left\{t_m^{\frac{-(2-r)\alpha}{2}},\ln\frac{t_m}{h^{2-r}}\right\}+\Delta t^{\alpha v}\right)_\circ$$

证明： 由于（6-1），形式上它等价于一个非线性分数沃尔泰拉型演化式，我

第6章 半线性随机次扩散问题有限元分析中温和解的连续性分析

们可以用 $\sup\limits_{t\in[0,T]}\|u(t)\|_{L_p(\Omega;\dot{H}^\nu)}\leq C$ 中（6-5）减去（6-24）取规范，获得

$$\|u(t_m)-U_h^m\|_{L_2(\Omega;H)} \leq \|E(t_m)u_0 - E_h(t_m)P_h u_0\|_{L_2(\Omega;H)}$$
$$+\left\|\int_0^{t_m}\left(\bar{E}(t_m-\sigma)-\bar{E}_h(t_m-\sigma)P_h\right)F(u(\sigma))\mathrm{d}\sigma\right\|_{L_2(\Omega;H)}$$
$$+\left\|\int_0^{t_m}\left(E(t_m-\sigma)-E_h(t_m-\sigma)P_h\right)\mathrm{d}W(\sigma)\right\|_{L_2(\Omega;H)}$$
$$+\left\|\sum_{j=0}^{m-1}\int_{t_j}^{t_{j+1}}\bar{E}(t_m-\sigma)P_h\left(F(u(\sigma))-F(U_h^j)\right)\mathrm{d}\sigma\right\|_{L_2(\Omega;H)}$$
$$=I_1+I_2+I_3+I_4。$$

应注意到，I_1，I_2 和 I_3 对应于空间有限元离散化误差，而 I_4 对应于时间误差。估计 I_1 是引理 3.2 的结果，因为 $w=0$ 和 $u=2r$，我们得到了

$$I_1=\|E(t_m)u_0-E_h(t_m)P_h u_0\|_{L_2(\Omega;H)}\leq Ch^{2-r}t_m^{\frac{-(2-r)\alpha}{2}}。$$

对于 I_2，通过使用式（3.7）和 $r>0$，得到

$$I_2=\left\|\int_0^{t_m}\left(\bar{E}(t_m-\sigma)-\bar{E}_h(t_m-\sigma)\right)P_h F(u(\sigma))\mathrm{d}\sigma\right\|_{L_2(\Omega;H)}$$
$$\leq \int_0^{t_m}\|\bar{E}(t_m-\sigma)-\bar{E}_h(t_m-\sigma)\|\cdot(1+\|u(\sigma)\|_{L_2(\Omega;H)})\mathrm{d}\sigma$$
$$\leq C\int_0^{t_m}\|\bar{E}(t_m-\sigma)-\bar{E}_h(t_m-\sigma)\|\mathrm{d}\sigma = C\int_0^{t_m}\|\bar{E}(\sigma)-\bar{E}_h(\sigma)\|\mathrm{d}\sigma$$
$$\leq \int_0^{t_m}Ch^{2-r}\sigma^{\frac{r\alpha}{2}-1}\mathrm{d}\sigma = Ch^{2-r}t_m^{\frac{r\alpha}{2}}。$$

在 $r=0$ 的情况下，类似地，我们将 I_2 分为两部分，

$$I_2\leq \int_0^{h^{2-r}}\|\bar{E}(\sigma)-\bar{E}_h(\sigma)\|\mathrm{d}\sigma + \int_{h^{2-r}}^{t_m}\|\bar{E}(\sigma)-\bar{E}_h(\sigma)\|\mathrm{d}\sigma = I_{21}+I_{22}。$$

对于 I_{21}，指出 $\|\bar{E}(\sigma)\|\leq C\sigma^{\alpha-r}$，然后

$$I_{21}\leq \int_0^{h^{2-r}}\|\bar{E}(\sigma)-\bar{E}_h(\sigma)\|\mathrm{d}\sigma\leq Ch^{(2-r)\alpha},$$

对于 I_{22}，通过（6-25）与 $r=0$，我们推导出

$$I_{22}\leq \int_{h^{2-r}}^{t_m}\|\bar{E}(\sigma)-\bar{E}_h(\sigma)\|\mathrm{d}\sigma\leq \int_{h^{2-r}}^{t_m}Ch^{2-r}\sigma^{-1}\mathrm{d}\sigma = Ch^{2-r}l_h,$$

式中 $l_h = \ln\dfrac{tm}{h^{2-r}}$

现在我们估算 I_3^2，利用（6-28），通过它的公式，对于跟踪类和 $r\alpha + 2\gamma > 1$，得到

$$\begin{aligned}
I_3^2 &= \left\|\int_0^{t_m} (E(t_m - \sigma) - E_h(t_m - \sigma)P_h) \mathrm{d}W(\sigma)\right\|_{L_2(\Omega;\,H)}^2 \\
&= \mathbb{E}\left\|\int_0^{t_m} (E(t_m - \sigma) - E_h(t_m + \sigma)P_h) \mathrm{d}W(\sigma)\right\|^2 \\
&= \int_0^{t_m} \|(E(t_m - \sigma) - E_h(t_m - \sigma)P_h)\|_{L_2^0}^2 \mathrm{d}\sigma \leq C \int_0^{t_m} \|(E(\sigma) - E_h(\sigma))\|_{L_2^0}^2 \mathrm{d}\sigma \\
&\leq C \int_0^{t_m} \|(E(\sigma) - E_h(\sigma))Q^{\frac{1}{2}}\|_{HS}^2 \mathrm{d}\sigma \leq C \int_0^{t_m} \|E(\sigma) - E_h(\sigma)\|^2 \cdot \|Q^{\frac{1}{2}}\|_{HS}^2 \mathrm{d}\sigma \\
&\leq C \int_0^{t_m} (h^{2-r}\sigma^{\frac{\alpha r}{2}+\gamma-1})^2 \cdot \|Q^{\frac{1}{2}}\|_{HS}^2 \mathrm{d}\sigma \leq C \int_0^{t_m} (h^{2-r}\sigma^{\frac{r\alpha}{2}+\gamma-1})^2 \mathrm{d}\sigma \\
&\leq C h^{4-2r} t_m^{r\alpha+2\gamma-1}。
\end{aligned}$$

对于 I_4 来说，通过引理 6.2，这个想法类似于文献 [9] 与不同系数条件 $\alpha(2-\kappa+\beta-\nu)+2\gamma-1>0, I_4 \leq \Delta t^{\alpha\nu}$，所以我们得到 $I_4 \leq \Delta t^{\alpha\nu}$，最后，结合引理 6.3 的格隆沃尔不等式，我们完成了定理 6.1 的证明。

在解算子和非线性项的光滑性的假设下，我们可以得到以下结论。

定理 6.2 令 $P \in [2, \infty)$ 满足假设（6-15）-（6-19）。那么唯一的温和解 u 到式（2.3）相对于范数 $\|\cdot\|_{L_p(\Omega;\,\dot{H}^s)}$ 是连续的

证明：根据连续性的定义，我们的目标是表明这一点

$$\lim_{\substack{t_2 - t_1 \to 0 \\ t_1 < t_2}} \|u(t_2) - u(t_1)\|_{L_p(\Omega;\,\dot{H}^s)} = 0$$

与 t_1 或 t_2 固定的

因此，通过一个温和的解 u 的表达式，我们除以 $\|u(t_2) - u(t_1)\|_{L_p(\Omega;\,\dot{H}^s)}$ 平面分成五个部分，只需要显示每个部分在 t 时接近于零。当 $t_2 \to t_1$ 时间，通过利用三角形不等式，得到

第6章 半线性随机次扩散问题有限元分析中温和解的连续性分析

$$\|u(t_1)-u(t_2)\|_{L_p(\Omega;\dot{H}^s)} \leqslant \|E(t_1)u_0 - E(t_2)u_0\|_{L_p(\Omega;\dot{H}^s)}$$
$$+ \left\|\int_{t_1}^{t_2}\bar{E}(t_2-\sigma)f(u(\sigma))\mathrm{d}\sigma\right\|L_p(\Omega;\dot{H}^s)n$$
$$+ \left\|\int_0^{t_1}\left(\bar{E}(t_2-\sigma)-\bar{E}(t_1-\sigma)\right)f(u(\sigma))\mathrm{d}\sigma\right\|L_p(\Omega;\dot{H}^s)n$$
$$+ \left\|\int_{t_1}^{t_2}E(t_2-\sigma)\mathrm{d}W(\sigma)\right\|_{L_p(\Omega;\dot{H}^s)}n$$
$$+ \left\|\int_0^{t_1}\left(E(t_2-\sigma)-E(t_1-\sigma)\right)\mathrm{d}W(\sigma)\right\|L_p(\Omega;\dot{H}^s)n$$
$$= M_1 + M_2 + M_3 + M_4 + M_5 \cdot n_\circ$$

对于表达式 M_1,我们从引理 6.2 中应用(6-2-11),得到

$$M_1 = \|E(t_1)u_0 - E(t_2)u_0\|_{L_p(\Omega;\dot{H}^s)} = \|A^{\frac{s}{2}}[E(t_1)-E(t_2)]u_0\|_{L_p(\Omega;H)}$$
$$= \left\|\int_{t_1}^{t_2}A^{\frac{s}{2}}\dot{E}(\tau)u_0\mathrm{d}\tau\right\|_{L_p(\Omega;H)} = \left\|\int_{t_1}^{t_2}A^{\frac{-\nu}{2}}\dot{E}(\tau)A^{\frac{\nu+s}{2}}u_0\mathrm{d}\tau\right\|L_p(\Omega;H)n$$
$$\leqslant \|u_0\|_{L_p(\Omega;\dot{H}^{s+\nu})}\cdot\int_{t_1}^{t_2}\|A^{\frac{-\nu}{2}}\dot{E}(\tau)\|\mathrm{d}\tau$$
$$\leqslant C\|u_0\|_{L_p(\Omega;\dot{H}^{s+\nu})}\int_{t_1}^{t_2}\tau^{\frac{\alpha\nu}{2}-1}\mathrm{d}\tau$$
$$\leqslant C\|u_0\|_{L_p(\Omega;\dot{H}^{s+\nu})}\cdot(t_2^{\frac{\alpha\nu}{2}}-t_1^{\frac{\alpha\nu}{2}}),$$

有效性 $M_1=0$ 在 $\nu\geqslant 0$。

对于 M_2,我们插入一个节点 t_3 然后把它分成三部分

$$M_2 = \left\|\int_{t_1}^{t_2}\bar{E}(t_2-\sigma)f(u(\sigma))\mathrm{d}\sigma\right\|_{L_p(\Omega;\dot{H}^s)}n$$
$$\leqslant \left\|\int_{t_1}^{t_2}\bar{E}(t_2-\sigma)f(u(\sigma))\mathrm{d}\sigma\right\|_{L_p(\Omega;\dot{H}^s)}n$$
$$\leqslant \left\|\int_{t_1}^{t_2}A^{\frac{s+1}{2}}\bar{E}(t_2-\sigma)A^{\frac{-1}{2}}[f(u(\sigma))-f(u(t_2))]\mathrm{d}\sigma\right\|L_p(\Omega;H)n$$
$$+ \left\|\int_{t_1}^{t_2}A^{\frac{s+1}{2}}\bar{E}(t_2-\sigma)A^{\frac{-1}{2}}[f(u(t_2))-f(u(t_3))]\mathrm{d}\sigma\right\|L_p(\Omega;H)n$$
$$+ \left\|\int_{t_1}^{t_2}A^{\frac{s+1}{2}}\bar{E}(t_2-\sigma)A^{\frac{-1}{2}}f(u(t_3))\mathrm{d}\sigma\right\|L_p(\Omega;H)$$
$$= M_{21} + M_{22} + M_{23\circ}$$

对于M_{21}，我们从引理6.2中应用（6-14），并由假设6.2得到

$$M_{21} \leqslant \int_{t_1}^{t_2} \| A^{\frac{s+1}{2}} \bar{E}(t_2-\sigma) A^{\frac{-1}{2}} [f(u(t_2))-f(u(\sigma))] \|L_p(\Omega;\ H) \mathrm{d}\sigma$$

$$\leqslant C \int_{t_1}^{t_2} (t_2-\sigma)^{-\frac{s+1}{2}\alpha+\alpha-1} [t_2-\sigma)^{\delta}(1+\| u(\sigma) \| L_p(\Omega;\ H)] \mathrm{d}\sigma$$

$$\leqslant C(t_2-t_1)^{\frac{1-s}{2}\alpha+\delta}(1+\sup_{\sigma \in [0,\ T]} \| u(\sigma) \| L_p(\Omega;\ H)),$$

由于$\delta \in \left(0, \dfrac{1}{2}\right)$，因此$\dfrac{1-s}{2}\alpha + \delta > 0$，因此当$t_2 \to t_1$，它是有效的。

对于M_{22}，

$$M_{22} = \| \int_{t_1}^{t_2} A^{\frac{s+1}{2}} \bar{E}(t_2-\sigma) A^{\frac{-1}{2}} [f(u(t_2))-f(u(t_3))] \mathrm{d}\sigma \| L_p(\Omega;\ H)$$

$$\leqslant \int_{t_1}^{t_2} \| A^{\frac{s+1}{2}} \bar{E}(t_2-\sigma) A^{\frac{-1}{2}} [f(u(t_2))-f(u(t_3))] \| L_p(\Omega;\ H) \mathrm{d}\sigma,$$

其形式上于M_{21}相同，当$t_2 \to t_3 \in [t_1,\ t_2]$时，这个结论是有效的。对于$M_{23}$在（6-14）的帮助下，可以得到

$$M_{23} = \| \int_{t_1}^{t_2} A^{\frac{s+1}{2}} \bar{E}(t_2-\sigma) A^{\frac{-1}{2}} f(u(t_3)) \mathrm{d}\sigma \| L_{p(\Omega;\ H)}$$

$$\leqslant \int_{t_1}^{t_2} \| A^{\frac{s+1-r}{2}} \bar{E}(t_2-\sigma) A^{\frac{-1+r}{2}} f(u(t_3)) \| L_{p(\Omega;\ H)} \mathrm{d}\sigma$$

$$\leqslant C \int_{t_1}^{t_2} (t_2-\sigma)^{\frac{1+r-s}{2}\alpha} \mathrm{d}\sigma \cdot (1+\sup_{\sigma \in [0,\ T]} \| Y(\sigma) \| L_{p(\Omega;\ \dot{H}^r)}),$$

为了保证连续性成立，只定义最后一个不等式的积分并满足$\dfrac{1+\gamma-s}{2}\alpha > 0$

对于M_3，我们证明以下性质成立，得到

$$\| A^s \dot{\bar{E}}(t) \|^2 = \| A^s t^{\alpha-2} E_{\alpha,\ \alpha-1}(-At^{\alpha}) \|^2 = | t^{\alpha-2} E_{\alpha,\ \alpha-1}(-At^{\alpha}) |_s^2$$

$$= \sum_{j=1}^{\infty} \lambda_j^{2s} t^{2(\alpha-2)} \cdot E_{\alpha,\ \alpha-1}(-t^{\alpha}\lambda_j)^2 \cdot (v,\ \varphi_j)^2$$

$$\leqslant t^{2[(1-s)\alpha-2]} \cdot \sum_{j=1}^{\infty} \frac{(t^{\alpha}\lambda_j)^{2s}}{(1+t^4\lambda_j)^4} (v,\ \varphi_j)^2,$$

则

$$M_3 = \|\int_0^{t_1} [\bar{E}(t_2-\sigma) - \bar{E}(t_1-\sigma)]f(u(\sigma))d\sigma\|_{L_{p(\Omega;\dot{H}^s)}}$$

$$\leq \int_0^{t_1} \|[\bar{E}(t_2-\sigma) - \bar{E}(t_1-\sigma)]f(u(\sigma))\|_{L_{p(\Omega;\dot{H}^s)}} d\sigma$$

$$= \int_0^{t_1} \|\int_{t_1}^{t_2} A^{\frac{s+1-r}{2}} \dot{\bar{E}}(t_2-\sigma) d\tau A^{\frac{-1+r}{2}} f(u(\sigma))\|_{L_{p(\Omega;H)}} d\sigma$$

$$\leq C\int_{t_1}^{t_2} |(t_2-\sigma)^{\frac{1+r-s}{2}\alpha-1} - (t_1-\sigma)^{\frac{1+r-s}{2}\alpha-1}| d\sigma \cdot (1+\sup_{\sigma\in[0,T]} \|u(\sigma)\|_{L_{p(\Omega;\dot{H}^r)}})$$

$$\leq C(t_2-t_1)^{\frac{1+r-s}{2}\alpha} \cdot (1+\sup_{\sigma\in[0,T]} \|u(\sigma)\|_{L_{p(\Omega;\dot{H}^r)}}),$$

$\frac{1+r-s}{2}\alpha > 0$ 在上式成立，这个结论是有效的。

对于 M_4，通过应用（6-16）和 Itô 公式，得到

$$M_4 = \|\int_{t_1}^{t_2} E(t_2-\sigma)dW(\sigma)\|_{L_{p(\Omega;\dot{H}^s)}}$$

$$\leq C\|\left(\int_{t_1}^{t_2} \|A^{\frac{s}{2}} E(t_2-\sigma)\|_{L_2^0}^2 d\sigma\right)^{\frac{1}{2}}\|_{L_{p(\Omega;R)}}$$

$$\leq C\|\left(\int_{t_1}^{t_2} (t_2-\sigma)^{2\left(-\frac{s}{2}\alpha+\alpha+\gamma-1\right)} d\sigma\right)^{\frac{1}{2}}\|_{L_{p(\Omega;R)}}$$

$$\leq C(t_2-t_1)^{\left(1-\frac{s}{2}\right)\alpha+\gamma-\frac{1}{2}}.$$

为了使结论成立，必要满足 $\left(1-\frac{s}{2}\right)\alpha+\gamma-\frac{1}{2}>0$ 的条件。

对于 M_5，根据要求，我们首先证明以下性质成立。

$$\|A^s \dot{E}(t)\|^2 \leq \|A^s t^{\alpha+\gamma-2} E_{\alpha,\alpha+\gamma-1}(-At^\alpha)\|^2$$

$$= |t^{\alpha+\gamma-2} E_{\alpha,\alpha+\gamma-1}(-At^\alpha)|_{2s}^2$$

$$= \sum_{j=1}^\infty \lambda_j^{2s} t^{2(\alpha+\gamma-2)} E_{\alpha,\alpha+\gamma-1}(-t^\alpha \lambda_j)^2 (v,\varphi)^2$$

$$\leq t^{2[(1-s)\alpha+\gamma-2]} \sum_{j=1}^\infty \frac{(\lambda_j t^\alpha)^{2s}}{(1+t^\alpha \lambda_j)^2} (v,\varphi)^2,$$

然后我们有

$$M_5 = \| \int_0^{t_1} [\tilde{E}(t_2 - \sigma) - \tilde{E}(t_1 - \sigma)] \mathrm{d}W(\sigma) \|_{L_{p(\Omega; \dot{H}^s)}}$$

$$\leq C \| (\int_0^{t_1} \| A^{\frac{s}{2}} [\tilde{E}(t_2 - \sigma) - \tilde{E}(t_1 - \sigma)] \|_{L_2^0}^2 \mathrm{d}\sigma)^{\frac{1}{2}} \|_{L_{p(\Omega; R)}}$$

$$= C \| [\int_0^{t_1} \int_{t_1}^{t_2} \| A^{\frac{s}{2}} \check{E}(\tau - \sigma) \|_{L_2^0}^2 \mathrm{d}\sigma]^{\frac{1}{2}} \|_{L_{p(\Omega; R)}}$$

$$\leq C \| \left\{ \int_0^{t_1} \int_{t_1}^{t_2} \left[(\tau - \sigma)^{\left(1-\frac{s}{2}\right)\alpha+\gamma-2} \right]^2 \mathrm{d}\tau \mathrm{d}\sigma \right\}^{\frac{1}{2}} \|_{L_{p(\Omega; R)}}$$

$$= C \| \left\{ \int_0^{t_1} [(t_2 - \sigma)^{(2-s)\alpha+2\gamma-3} - (t_1 - \sigma)^{(2-s)\alpha+2\gamma-3}] \mathrm{d}\sigma \right\}^{\frac{1}{2}} \|_{L_{p(\Omega; R)}}$$

$$\leq C (t_2 - t_1)^{\left(1-\frac{s}{2}\right)\alpha+\gamma-1},$$

该不等式的最后一项只需要满足 $\left(1-\dfrac{s}{2}\right)\alpha+\gamma-\dfrac{1}{2}>0$ 的条件。

因此，定理证明完毕。

6.4 数值实现

在本节中进行了几个数值实验来验证我们之前的理论发现。为了说明在定理 6.1 中对 $\alpha \in (0, 1)$ 得到的理论结果，我们给出了两个数值例子。具体来说，我们设置 $T=0.1$, $D=(0, 1)$ 和 $T=0.1$, $D=(0,1)$, $F(u)=\sin(u)$。

为了解释全离散方法式（6-24）的计算机实现，我们作出了这个假设协方差算子 Q 具有与 A 相同的特征函数，即 $Qv = \sum_{k=1}^{\infty} \mu_k(v, \varphi_k)\varphi_k$ 外，我们假设 $W(t)$ 具有以下的傅里叶级数展开式：$W(t) = \sum_{k=1}^{\infty} \mu_k^{1/2} \varphi_k \beta_k(t)$

则半离散 $U_{m,\ k,\ h}^N$ 满足

第6章 半线性随机次扩散问题有限元分析中温和解的连续性分析

$$U_{m,k,h}^N = E_{\alpha,1}(-t_m^\alpha A_h)P_h u_{0,k} + \sum_{j=0}^{m-1}\int_{t_j}^{t_{j+1}}(t_m-\sigma)^{\alpha-1}E_{\alpha,\alpha}(-(t_m-\sigma)^\alpha A_h)\mathrm{d}\sigma \cdot P_h F_k(u(t_j))$$
$$+\int_0^{t_m}(t_m-\sigma)^{\alpha+\gamma-1}E_{\alpha,\alpha+\gamma}(-(t_m-\sigma)^\alpha A_h)P_h \mu_k^{\frac{1}{2}}\mathrm{d}\beta_k(\sigma),$$

式中，$u_{0,k}=(u_0,\varphi_k)$，$F_k(\cdot)=(F(\cdot),\varphi_k)$ 和 $\beta_k(\sigma)$，$k=1,\cdots,N$ 为相互独立的标准布朗运动。

在我们的实验中，我们研究了定理 3.1 中的误差估计与时间步长大小 Δt 的依赖关系。为了近似精确解，我们使用了一个小时间步长为 $\Delta x=2^{-10}$ 的完全离散解 $\Delta t=2^{-10}$ 空间步长为 $x=2$。对于 α 的理论收敛速度为 $\nu\in(0,1)$，它接近于 α 为 $\nu\to 1$。

为了进行实验，我们固定了一个较小的空间步长 Δx，并考虑了一个中等时间步长 t 的序列 $\Delta t_i=2^{-i}$，$i=2,\cdots,5$ 我们对每个时间步长 t 进行了 $M=100$ 模拟 Δi。在每个模拟中，我们生成了 N_h 独立布朗运动 $\beta_k(t)$，$k=1,2,\cdots,N_h$ 初始数据设置为 $u_0=1$，我们定义了非线性算子 $F(u)=\sin(u)$。如图 6-4-1 所示，我们研究了不同参数 α 和 γ 的缺陷。我们观察到数值结果与定理 6.1 中所述的理论结果一致。数字由于 α 和 γ 的范围有限，这些值略有不同。随着网格尺寸的细化，数值实验支持了定理 6.1 中的理论结果。

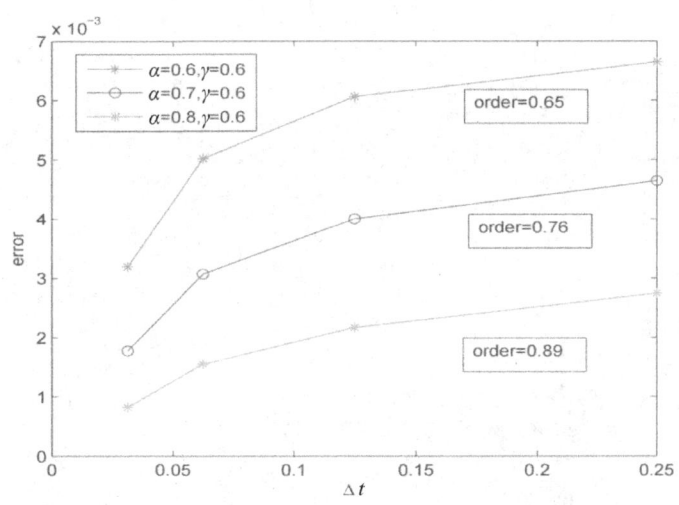

图 6-4-1　$L_2(\Omega;H)$ 与 $\alpha\in(0,1)$ 的误差和收敛顺序

分数阶随机发展方程的数值方法

在接下来的分析中,我们将重点关注空间收敛性。为此,我们考虑了一个固定数量的空间步长 $M=200$ 和最终时间 $T=1$,并得到了 $N=480$ 处的参考解。接下来,我们计算了分数阶 α 和 γ 的不同组合的数值结果。如表 6-4-1 所示,该结果表明,一个 $O(h^2)$ 观察到所有组合的收敛顺序,我们观察到初始收敛速度变化缓慢,但随着网格的细化,结果与理论预测非常一致。

表 6-4-1 $L_2(\Omega; H)$ 在 $T=1$ 处带有跟踪类噪声 ($m=2$) 的误差

γ	α/M	10	20	40	80	160	次序
0.2	0.3	7.6512×10^{-3}	2.0123×10^{-3}	5.1534×10^{-4}	1.2745×10^{-4}	2.9646×10^{-5}	2.00
	0.7	4.8203×10^{-3}	1.3214×10^{-3}	3.4625×10^{-4}	8.7435×10^{-5}	2.0347×10^{-5}	1.97
0.6	0.3	2.3923×10^{-3}	6.2545×10^{-4}	1.5964×10^{-4}	3.9323×10^{-5}	9.0951×10^{-6}	2.01
	0.7	2.2653×10^{-3}	5.9214×10^{-4}	1.5031×10^{-4}	3.7334×10^{-5}	8.6453×10^{-6}	2.00
0.8	0.3	2.0211×10^{-3}	5.2732×10^{-4}	1.3312×10^{-4}	3.3132×10^{-5}	7.6553×10^{-6}	2.01
	0.7	2.0132×10^{-3}	5.2513×10^{-4}	1.3321×10^{-4}	3.3051×10^{-5}	7.6249×10^{-6}	2.01